へんな
おさかな
竹島水族館の「魚歴書」
竹島水族館館長 小林龍二 監修
竹島水族館スタッフ 編
JN242540
あさ出版

推薦者の言葉

水族館プロデューサー
中村 元

水族館を訪れる人々、とくに大人の多くは、いちいちすべての魚を観察したりしない。生物解説など読みもしない。たいてい「水塊（すいかい）」、つまり水中の非日常を楽しみにきているのだ。だから人気の水族館には必ず水塊展示がある。

ところが、水塊のかけらもない、はっきり言って超ショボイ水族館に人々が行列をなして集う。しかもここでは、読まれないはずの解説が読まれ、見られないはずの生物たちが目を輝かせて注視される。それが竹島水族館だ。

竹島水族館は1956年生まれ。汽車窓のような小さな水そうがならぶ小さな水族館で、水族館界の昭和遺産とでも称すべき存在だ。特別に人気のある生物がいるわけでもなく、流行のプロジェクションマッピングなどする予算はもちろんない。

竹島水族館の人気は、読んで楽しく生物のことがほっこり好きになる手書きの解説板だ。実は竹島水族館の人気生物とは、館長をはじめとした飼育スタッフ。彼らが生物を親しい友人のごとく紹介する解説が、うすっぺらな作り物のプロジェクションマッピングを凌駕（りょうが）するコンテンツとなっているのだ。

笑いと愛の中で知的好奇心を刺激し、水中世界の異形の生物に興味を持たせ、そこはかとない愛を抱かせる。還暦越えの竹島水族館が生み出した、最新の展示技術こそ「魚歴書」である。

中村 元プロフィール

水族館プロデューサー。水族館の進化と奇跡の集客を起こすプロデューサーとして、新江ノ島水族館、サンシャイン水族館、北の大地の水族館などを次々に成功に導く。独自の「水塊」展示を開発し水族館の概念を変えた。カスタマーズ起点によって弱点や悪条件を進化の武器に変える手法とプロモーション戦略を得意とし、現在も国内外複数の水族館計画に関わる。全国120以上の水族館を訪問した経験による水族館関連の著書は多数。本書監修竹島水族館館長小林の師匠でもある。

深海生物の数が日本一！

竹島水族館はこんなところ

パクパクおさかなプール

ウミガメや魚にごはんをあげられる水そう。ごはんは２種類あります。１日のごはんの量はきまっているので、あげたい人は早めにきてね。

さわりんぷーる

生き物とふれあえるコーナー。夏と冬でさわれる生き物がかわります。冬はオオグソクムシやタカアシガニなど、めずらしい深海生物にさわれるよ！

バックヤードツアー

水族館の裏側が見られるツアー。毎月第２・第４日曜日の午前11時と午後２時の２回やっています。飼育スタッフが必殺の生き物おもしろネタを紹介します。

まったりうむ

水草やサンゴ、いやし系の魚などが見られる水そう。幻想的なふんいきの場所です。ベンチに座ってゆっくりながめられるので、ここで休けいもできます。

まったり～

カピバラ・アシカショー

水族館では、魚のほかにもカピバラやアシカなどの、ゆる～い生き物たちのショーもやっています。

たけしまにあ

飼育スタッフがつくっている手書きの魚の新聞。スタッフのやる気しだいでつくられるので、いつ発行されるかわかりません。水族館にきたときは探してみてね。

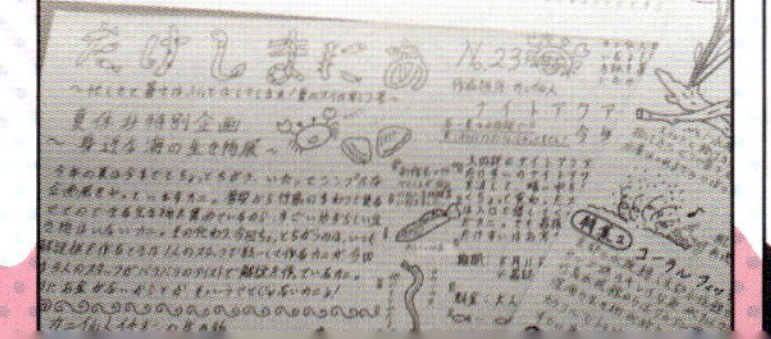

手書きカンバン

魚の特徴がのっている解説カンバンは、一つひとつ飼育スタッフの手づくり。なかでも「魚歴書」はとても人気があります。

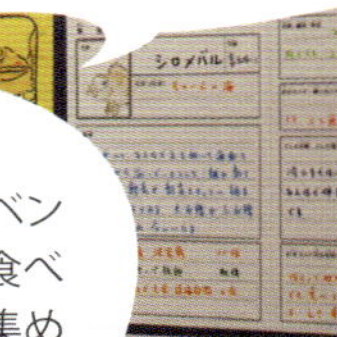

へんな展示・イベント

ほかでは見られない、へんなイベントをやっています。深海生物を食べてみたり、えらそうな魚ばかり集めてみたり、真剣にふざけています！

竹島水族館館長 小林より

魚歴書ってなに？

魚歴書は、毎日水族館で生き物とつきあう飼育スタッフが、お客さんに魚たちのことをもっと知ってもらいたくてつくった**へんな魚のせつめい書。**

竹島水族館にある「魚歴書」や「解説カンバン」には、むずかしいことはほとんど書いていません。というか、わかい飼育スタッフばかりなので、**あまりむずかしいことは書けません！**

こいつはエビが好きでほかのエサを食べずに困っているとか、飼育スタッフにどこでスカウトされましたとか、性格が悪いとか。はたまた、この生き物は食べてもまずいですとか、そんなへんなことばっかり。魚にくわしくない人に**魚を好きになって興味をもってもらうため**の内容になっています。

みんなそれぞれ、へんな顔をしていたり、へんな性格や名前だったりするけれど、よく見ると一生懸命生きていて、とってもかわいいんです！　この本で、へんな魚たちの世界をお楽しみください。

魚歴書ができるまで

さて、ここではどうしてこんなへんな魚のせつめい書ができたのか、ご紹介したいと思います。

水族館のなかをよくフラフラしていた館長のボクは、あるときお客さんの多くが解説パネルをほとんど見ていないことに気づきました。有名な大きな水族館にも行って、水そうの前の解説パネルに書いてあったことを突然お客さんに聞いてみたのですが、なんとお客さんはまったく内容を覚えていない！ながながと書かれたありがたい文章を最後まで読んでいた人も、ほとんどいませんでした。

なんということだ……！なんとかしないと！　とボクは思いましたが、竹島水族館といえば、**地方の超ビンボ～水族館……。**お客さんに伝えたいことはあっても、そのときは、あたらしくキレイな解説パネルをつくるお金がありませんでした。

だったらもう、**すぐに手に入って安い画用紙に、好きなことをおもしろく書いた解説パネルをつくろう！　と、生まれたのが「魚歴書」や「解説カンバン」だったのです。**

魚歴書の楽しみかた

魚歴書

写真

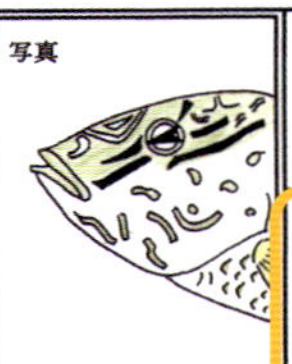

なまえ　（ナポレオンフィッシュ）
メガネモチノウオ

年齢　たぶん9才くらい

住所（出身）
名古屋のショップからやってきた

職歴
2011年に竹島水族館にスカウトされる。当時ペーペーだった副館長に目を付けられ即スカウト。その時は10cmくらいの大きさだったが今もたいして変わらない。とても成長が遅いので、その昔は1cm 1万円の魚と呼ばれた。

資格
魚類メガネベストドレッサー賞受賞
魚類ハットグランプリベラ部門受賞

メガネモチノウオ（ナポレオンフィッシュ）

スズキ目・ベラ科

分布：和歌山県、沖縄県～インド・太平洋

大きさ：2m

名前はオスのこぶ状の額がナポレオンのかぶった軍帽ににていることに由来する。

職歴・資格

その魚が竹島水族館にくるまでのいきさつ（職歴）や、その魚しかもっていない特別な資格や賞を紹介しているよ。

分布・大きさ・生態

ここを見れば、その魚がすんでいるところ（分布）や体の大きさのほかに、魚の名前のヒミツや生活のしかたがわかるよ。

性格・趣味・特技

ちょっと人見知りな所があるけど、人前に出るのはイヤじゃありません。特技は丸飲みです。

好きなエサ・嫌いなエサ

→ 口に入るサイズなら何でも好きです!!

→ 小さすぎるの大きすぎるの どっちもイヤです。

どんな水槽、どんな環境で暮らしたいですか？

明るくて暖かい水槽が良いです。ボクは成長が遅くて長生きなので、長〜く付き合える仲間がいると寂しくなくて良いです。あとはゴハンをたくさん食べたいです。

お客さんに何を希望しますか？

大きくなるとおでこが出っ張って、帽子を被っているように見えるそうです。ボクはまだ子供なので大きくなるまで皆さん通って下さい。

日本名の「メガネモチノウオ」という名前よりも、「ナポレオンフィッシュ」という名前のほうが有名です。成長すると大きくなるので、広さのある水族館の大きな水そうで主役になる魚で、目が飛び出るほど高い！　そのため、せまくて小さなビンボ〜水族館では買えないので、「価格の安い幼少魚」を入手し、いつか怪魚になってくれるのを夢見てコツコツ育てています。

性格・特技・好みや希望

魚によって、性格・特技や好みはさまざま。ここを見れば、意外な魚のすがたがわかるよ。

館長のつぶやき

魚にかんする豆ちしきや、館長しか知らない水族館のエピソードがまんさい！

もくじ

見ためはへんでも愛される！ 竹島水族館の人気者 編

第2章 くら～いところでモジモジ……
へんなすがたの深海魚 編

第3章(だいしょう) きれいだけどドンクサイ?! キラキラ熱帯魚(ねったいぎょ)編(へん)

第4章 一度見たら忘れない！ ちょっとへんな顔の海水魚 編

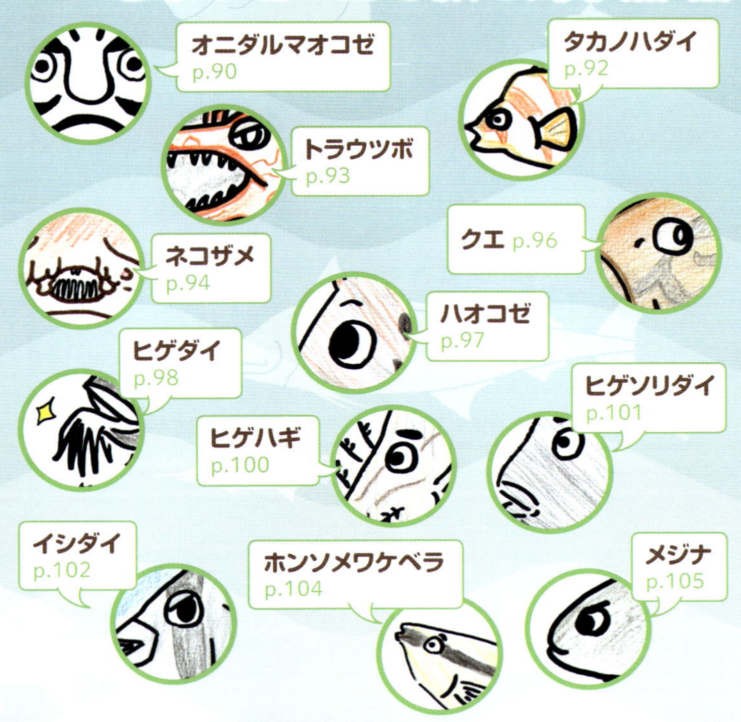

第5章

オッチョコチョイでつかまった！竹島水族館のちかくにすんでいた魚 編

第6章

怪獣みたいで覚えにくい ちょっとへんな名前の淡水魚 編

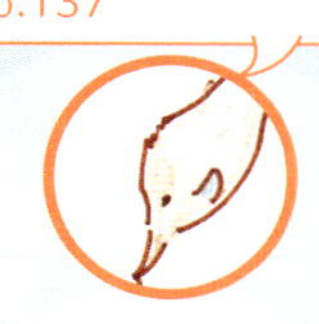
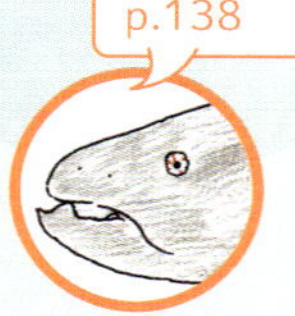
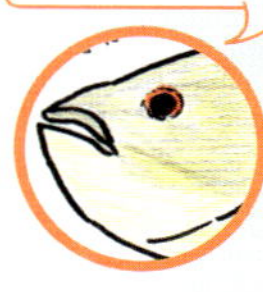

第7章 ジミすぎて忘れられる生き物 編

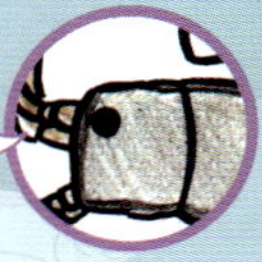

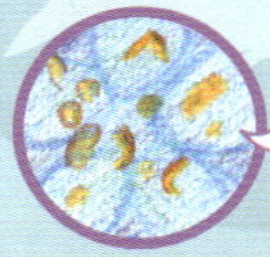

第1章

＼＼見ためはへんでも愛される！／／

竹島水族館の人気者編

ここでは、竹島水族館で人気者の生き物たちを
紹介します！　かわいらしい顔やおもしろい名前を
しているので、どこかで見たり聞いたりした
ことのある魚がいるかもしれません。
見た目とはちがって、シャイで人みしりする
ヤツもいます。

魚歴書

写真	なまえ チンアナゴ	年齢 秘密主義だからヒミツ
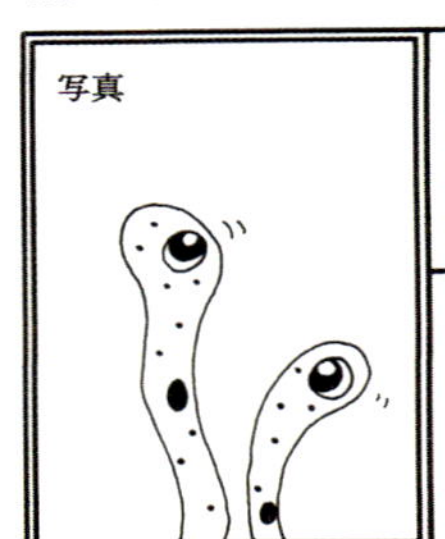	住所（出身） あたたかい南の海の砂地	

職歴

- チンアナゴ協会 会長
- チンアナゴ ゴレンジャーホワイト
- 砂地でウネウネしていた所、捕獲され問屋を経由してたけすいからスカウトされる。

資格

- ウネウネ選手権 3位
- ドット柄コーディネーター
- プランクトン早食い大会 30位

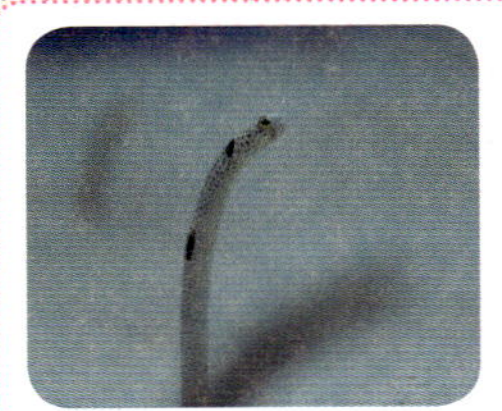

チンアナゴ

ウナギ目・アナゴ科

分布：インド洋、西部太平洋、日本では高知県～琉球列島

大きさ：40cm

名前の由来は顔つきが日本犬の「狆」ににていることから。

性格・趣味・特技

とてもシャイな性格で
おどろくと砂に瞬時に潜っちゃいます。
趣味・特技はミョキミョキ・ウネウネすること。

好きなエサ・嫌いなエサ

小さな小さなエビや
プランクトン。

どんな水槽、どんな環境で暮らしたいですか？

あたたかい海水でサラサラな砂を厚く
入れてもらえると、落ち着いて潜れます。
小心者なので、おどろかない静かな
環境が良いです。

お客さんに何を希望しますか？

ボクの名前を呼ぶ時に、チンを強調
したり、チンで区切らないようにしてくだ
さい。

最近カクレクマノミの人気を追いぬくくらい有名になりチヤホヤされて調子に乗っているので「チン・あな・ＧＯ！」などと下ネタを言って地位を下げてやろうとしている。しかしそんなことを言うボクは嫌われて、この魚はかなり人気。砂の中から顔だけ出して、キョロキョロ見回すすがたはかわいいけど、砂から体がすべて出ると長くて細くて気持ち悪いんだぞ！

魚歴書

写真	なまえ	年齢
	（ナポレオンフィッシュ） メガネモチノウオ	たぶん 9才くらい
	住所（出身） 名古屋のショップからやってきた	

職歴

2011年に竹島水族館にスカウトされる。当時ペーペーだった副館長に目を付けられ即スカウト。その時は10cmくらいの大きさだったが今もたいして変わらない。とても成長が遅いので、その昔は1cm 15円の魚と呼ばれた。

資格

魚類メガネベストドレッサー賞受賞
魚類ハットグランプリ ベラ部門受賞

メガネモチノウオ（ナポレオンフィッシュ）

スズキ目・ベラ科
分布：和歌山県、沖縄県～インド・太平洋
大きさ：2m
名前はオスのこぶ状の額がナポレオンのかぶった軍帽ににていることに由来する。

性格・趣味・特技

ちょっと人見知りな所があるけど、人前に出るのはイヤじゃありません。特技は丸飲みです。

好きなエサ・嫌いなエサ

↳ 小さすぎるの大きすぎるの どっちもイヤです。

↳ 口に入るサイズなら何でも好きです!!

どんな水槽、どんな環境で暮らしたいですか？

明るくて暖かい水槽が良いです。ボクは成長が遅くて長生きなので、長〜く付き合える仲間がいると寂しくなくて良いです。あとはゴハンをたくさん食べたいです。

お客さんに何を希望しますか？

大きくなるとおでこが出っ張って、帽子を被っているように見えるそうです。ボクはまだ子供なので大きくなるまで皆さん通って下さい。

日本名の「メガネモチノウオ」という名前よりも、「ナポレオンフィッシュ」という名前のほうが有名です。成長すると大きくなるので、広さのある水族館の大きな水そうで主役になる魚で、目が飛び出るほど高い！　そのため、せまくて小さなビンボ〜水族館では買えないので、「価格の安い幼少魚」を入手し、いつか怪魚になってくれるのを夢見てコツコツ育てています。

魚歴書(ぎょれきしょ)

写真	なまえ	年齢(ねんれい)
	マンジュウイシモチ	ひみつ
	住所(じゅうしょ)(出身(しゅっしん)) インド洋(よう) サンゴ市(し) イシモチ マンション 105号	

職歴(しょくれき)

赤い小さな水玉模様(みずたまもよう)があり、赤いパジャマの魚と言われることが多かったが竹島水族館に入社(にゅうしゃ)すると水玉模様(みずたまもよう)を見てスタッフから「イチゴパンツ」というあだ名を付(つ)けられてしまう。

資格(しかく)

水玉が似合(にあ)う魚ランキング	1位(い)
お茶が飲みたくなる名前大会	優勝(ゆうしょう)
口内保育士(こうないほいくし)	免許取得(めんきょしゅとく)
マンジュウクイズ大会	優勝(ゆうしょう)

マンジュウイシモチ

スズキ目・テンジクダイ科
分布(ぶんぷ)：インド洋、西・中部太平洋
大きさ：6～7cm
名前の由来(ゆらい)は「マンジュウのような丸い体で耳に石をもっている」ように見えることから。

性格・趣味・特技

性格は寂しがりやだから
みんなと一緒にいたいなー。特技
はオスが口内で卵を守ること。

好きなエサ・嫌いなエサ

嫌いなものはないけど
エビが好きかな。たくさんちょうだい！

どんな水槽、どんな環境で暮らしたいですか？

集団で生活するから大きな水槽が
いいな。大きな魚がいるとみんな
怖がっちゃうから気をつけてね。
あとは毎日ゴハンが食べれば！

お客さんに何を希望しますか？

スタッフさんから「イチゴパンツ」って呼
ばれてるけど、そう見える？ あだ名も
いいけど、名前もしっかり覚えてね。

なにがどうマンジュウなのか不明です。どんなもちだ？　ダイバーに人気の魚で、その見た目から通称「イチゴパンツ」。オスでもイチゴのパンツをはいています。そこらのサンゴ礁で見られるようで、安い！　じょうぶ！　なんでも食べる！　という、ひじょうにありがたい魚。ずっと水そうで飼育していると体の色があせてしまうので、パンツをはきかえてほしくなります。

魚歴書

写真	なまえ	年齢
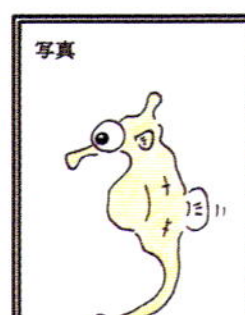	タツノオトシゴ	たぶん 2さい
	住所（出身） よく分かりません。おぼえていないです。	

職歴

- 助産院「たつのおとしご」開院
- ポンプ吸い込み専門店 店主
- 巻き付き隊 隊長

資格

- 世界ひょっとこ顔選手権 1位
- 高速吸い込み競走 1位

タツノオトシゴ

トゲウオ目・ヨウジウオ科

分布：熱帯から温帯にかけて、日本では北海道南部以南

大きさ：1.4～35cm（種類によって異なる）

小さな鰓孔と胸びれ、背中には小さな背びれがある魚である。

そんな魚でいいのか！ と言いたくなるすがた形で、泳ぐのはあまり上手ではありません。水の流れが速いと、アタフタして流されてしまいます。しっぽを自在にものにまきつけられるので、いつも海草などにつかまってず～っと水中をながめています。オスはメスから卵もらってお腹の袋で育てる、いわゆるイクメンです。

性格・趣味・特技
物静かな性格です。なるべく周りにも存在がバレないようにしたいです。

好きなエサ・嫌いなエサ
小さな小さな小さなエビが好きです。というより小さなものしか食べれません。

どんな水槽、どんな環境で暮らしたいですか？
ボクは少しだけワガママですが良いですか？ ①水の流れは穏やか。②VIP単独生活もしくは仲間とだけ。③生きた小さなエサの用意。こんな環境が良いです。

お客さんに何を希望しますか？
こんなにもカワイくて、ワガママなボクの写真をいっぱい撮ってください。

魚歴書

写真	なまえ	年齢
	ハリセンボン	？
	住所（出身） 津軽海峡以南の日本海沿岸。	

職歴

先パイ ハリセンボンは 元々 水族館にいたんです。オイラたちは 三重県の とある 水族館から 竹島水族館に スカウトされて 来ました。先パイも やさしくて 楽しいっす!

資格

ハリの数 分からなさすぎで賞 受賞
あわ集め技師 取得（映画の中で取得）

ハリセンボン

フグ目・ハリセンボン科
分布：全世界の熱帯から温帯、日本では本州以南
大きさ：15～70cm（種類によって異なる）
とげの数は350本前後にとどまる。

ごぞんじ、有名な魚。針は1000本あるわけではなく、350本くらい。ボクがまだ新人だったころ、ひたすらハリセンボンの針の数を数えていた上司がいました。

性格・趣味・特技

おいらいつもは のんびーりしてるけど、大きい魚におそわれそうになったら すごくはやく泳いで逃げれるんだよ～!

好きなエサ・嫌いなエサ

大好物はウニやエビみたいなかたいものです!

どんな水槽、どんな環境で暮らしたいですか？

大きな魚と一緒だと食べられちゃうのかってヒヤヒヤするから わけてほしいですね～。あとは、つめたい水は苦手です。仲間も少しいてほしいです。一匹はさみしいです。

お客さんに何を希望しますか？

ボクとある映画で あわを集めるのが好きってなってたけど そうでもですからね？あと、水槽をたたくとおどろきます。でも、ふくらみません。

魚歴書(ぎょれきしょ)

写真	なまえ	年齢(ねんれい)
スケスケ～ イヤ～ン	トランスルーセント・グラスキャット	1さい半くらい
	住所(じゅうしょ)(出身(しゅっしん))	
	すけす県(けん)透(す)けてる市(し)出身(しゅっしん)	

職歴(しょくれき)

体が透(す)けてるからよ～! 入試(にゅうし)とか
全部すり抜(ぬ)けてきたっス!!
さすがに、保育園(ほいくえん)には通(かよ)ったけど
そっから上はないっス! けど、
おもしろい体してるからウケるっしょ!

資格(しかく)

ないっす!

トランスルーセントグラスキャットフィッシュ

ナマズ目・ナマズ科
分布(ぶんぷ)：タイ、マレーシア、インドネシア
大きさ：8～15 cm
とうめいな体が特徴(とくちょう)だが、水質(すいしつ)の悪化などで体調がくずれると体が白くにごる。

性格・趣味・特技

明るいっス！ 群れるの好きっス！
特技は「かくれんぼ」っス！

好きなエサ・嫌いなエサ

口に入れば何でも食べるっス！

どんな水槽、どんな環境で暮らしたいですか？

友達がいっぱいで、コワい魚がいなくて、毎日ご飯がもらえる。そんな天国みたいな水槽で暮らしたいっス！

お客さんに何を希望しますか？

体をよ〜く見てほしいっス。光の当たり方で、体が虹色にひかるっスヨ！

古くから知られる全身スケスケ熱帯魚で、これでもナマズのなかま。ちゃんとヒゲもあります。ナマズらしくしろよ！　と思うかもしれませんが、日本にすむ“ザ・ナマズ”のようなナマズは、ほかの国から「そんなのはナマズではないわ」と言われてしまうことも。つねに自分中心に考えていては視野がせまくなるよ、という教えです。これを「井の中のナマズ」と言う。

魚歴書

写真	なまえ	年齢
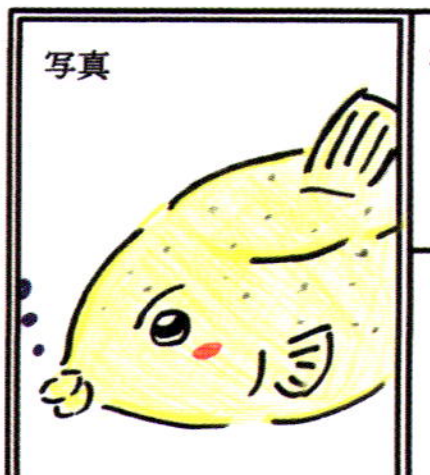	ハコフグ	不明
	住所（出身） 岩手県～九州南部 沿岸の浅い岩礁地	

職歴

人間界では「ギョギョギョ～!」で有名な方の頭の上にいることで有名魚となる。その時、「水族館に来ればもっと有名になるよ」との甘い誘いに入社。「カワイイ～」とちやほやされて調子に乗る。

資格

ハコ検定　1級

ハコハコクイズ大会　優勝

子供の時キュートな魚ランキング　1位

人の頭に乗せたい魚ランキング　堂々の1位

ハコフグ

フグ目・ハコフグ科

分布：インド、太平洋

大きさ：25cm

フグ毒として知られるテトロドトキシンはもたず、体表にパフトキシンという毒をもつ。

性格・趣味・特技

特技は危険を感じた時に表面から粘液を出して身を守ることだよ〜。粘液には「パフトキシン」という毒があるんだ。

好きなエサ・嫌いなエサ

エビが好きかな〜。おちょぼ口だから食べるのは遅いかも。

どんな水槽、どんな環境で暮らしたいですか？

落ち着きのある空間で生活したいな〜。泳ぎの速い子たちと一緒だとゴハンを先に食べられちゃうからボクにもちゃんとちょうだいよ。

お客さんに何を希望しますか？

良かったらスマホでボクの子供の頃の画像を調べてみて？きっとみんなボクの虜さ。

魚類界では知らない人はいないくらいの有名魚"さかなクン"の帽子の魚です。名前通り、体が箱型をしたフグで、触るとヌメヌメしたプラスチックのようでかたい。水族館では、体に「白点病」という白いツブツブした寄生虫がつく病気になりやすく、水温が変化しやすい季節の変わり目は病気のチェックをします。どんくさそうだけど、本気を出すとけっこう速く泳ぎます！

魚歴書

写真

なまえ	年齢
クロコバン	ひみつ

住所（出身）

暖かい海出身で
片利共生学校卒業

職歴

水族館に入社する前はウミガメ、サメ、クジラなどの付き人生活を送る。そんな時、「ウチに来ない？」と声をかけられる。水槽では誰よりもごはんを食べるのが早く他魚に嫌がられる。

資格

くっつかれたい魚2017	優勝
早食い選手権2015	優勝
ストーカーっぽい魚	殿堂入り
目が怖い魚	2位

クロコバン

スズキ目・コバンザメ科

分布： 北海道〜九州の日本海・東シナ海・太平洋、全世界の暖海域

大きさ： 25cm

サメ、カジキ類に吸着。コバンザメは、硬骨魚類でサメ（軟骨魚類）ではない。

性格・趣味・特技

普段は水槽の片隅でじっとしているがごはんの時間になると誰よりも先に食べようとする性格。

好きなエサ・嫌いなエサ

何でもウエルカム！腹にたまればそれで良いのさ。

どんな水槽、どんな環境で暮らしたいですか？

毎日3食きちんと用意してくれる所ならどこでもいいぜ。だけど水槽の中は定期的に掃除してくれよな〜。

お客さんに何を希望しますか？

スタッフを見かけたら、オレが「お腹すいてるからゴハンあげて」って頼んでくれるか？忘れずにな！

大きなエイやサメのおなかに、ミサイル装備のようにくっつく有名な魚です。はりついているとひっぱっても取れませんが、離れたりくっついたりは自分の意志で自由自在。普段は泳がないくせに、エサのときだけ、だれよりも速く泳ぎ、ほかの魚のエサまでうばいます。おまえ、普段動いてないからハラ減らないだろ！竹島水族館では、普段は壁にはりついています。

魚歴書

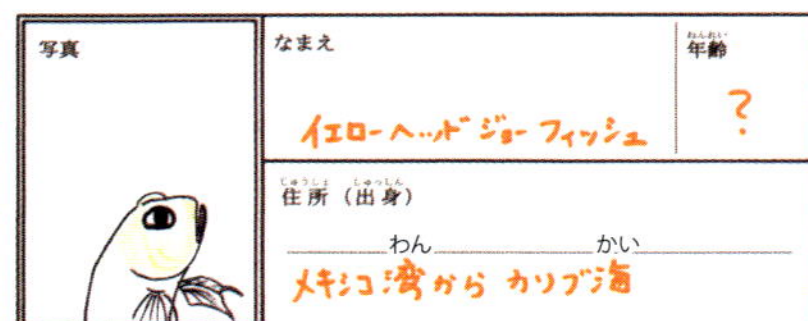

職歴

はやりの「イクメン」を見せたかった
たけすい スタッフが リストを見て見つかる。
イクメン姿が かわいいと 好評。
人気者になりました。

資格

子育てマスター 2級 取得
全魚類 イクメン コンクール 優勝

イエローヘッド・ジョーフィッシュ

スズキ目・アゴアマダイ科
分布：西部大西洋
大きさ：10cm
砂底などに、たてにのびる巣あなをつくり、頭だけを出していることが多い。

カクレクマノミが絶大な人気で気に入らなかったボクが、ヤツに対抗できる魚はいないものかと探して見つけ出したのがジョーフィッシュ！　口であなをほって家をつくり、オスは口の中で卵を守るイクメンです。あなから上半身を出したり入れたりの立ち泳ぎなので、「立つんだ！ジョ〜ッ！」というアニメネタも使える。今ではかなりの人気者。

性格・趣味・特技

特技は巣穴作り！石や貝がら、サンゴとかで丈夫な家を作って家族を守ります！

好きなエサ・嫌いなエサ

水族館でもらえるアミエビが好き！

どんな水槽、どんな環境で暮らしたいですか？

サラサラの砂だと巣穴を作れないから小さい石やサンゴ、貝がらのたくさん入ってる水槽がいいな！あと、大きい魚と一緒だとエサが食べれないから小さい魚と入れてほしいな！

お客さんに何を希望しますか？

今はやりの「イクメン」ってやつです。ボクと一緒に子育てしませんか？

魚歴書

写真

なまえ：ミナミメダカ

年齢：10ヵ月

住所（出身）：田んぼ市小川町 ゆるやかな流れ3丁目1番地

職歴
・田んぼ市立めだかの学校中退
・ヒッチハイカーを少しやってました。
・ユーチューバーをめざしていたところ、スカウトされて、水槽に入りました。

資格
・目がいい魚上位入賞
・大食い大会、予選落ち
・宇宙飛行士資格合格
・ナンパ士2段

ミナミメダカ

ダツ目・メダカ科

分布：日本、台湾、朝鮮半島、中国

大きさ：4cm

絶めつの危機にある種として環境省のレッドリストに登録されている。

アジやサバとならんで、だれもが知る魚「メダカ」です。最近「キタノメダカ」と「ミナミメダカ」に分類されましたが、素人目には両者の見わけはつきません。深海魚やジンベエザメよりもなによりも、魚の中でボクが一番好きな魚です！　小さいけどいつも前を向いてがんばって必死で生きている。どこかの水族館とにています！

性格・趣味・特技
優しくて友好的、人なつっこくて、おだやかな性格です。でも趣味は、カワイ子ちゃんのナンパです。あと、今は金魚並みに品種数が多いです。

好きなエサ・嫌いなエサ
ワタクシ、実は「胃」がなく、食いだめができないので消化の良い少なめのエサを1日2、3回ほど―

どんな水槽、どんな環境で暮らしたいですか？
実はケンカっぱやいのでオスの数は少なめで、カワイイメスを多くしてもらえるとウレシイな。それと、ライトを13時間てらしてもらって、水の温度が20℃くらいにしてもらえれば、オイラ、ハッスルしちゃうんだから。!!

お客さんに何を希望しますか？
・ちゃんと見てください。
・ブラックバスと一緒にしないで下さい。
・勝手に川に逃がさないで下さい。
・食べないで下さい。おいしくないかもよ。

魚歴書

写真	なまえ	年齢
	ウツボ	？

住所（出身）

蒲郡市竹島水族館
ネオ土管ハイツ　201号室（ルームシェア）

職歴

オレたち海の中でボランティア活動として番犬ならぬ番魚をしてたらよお、怖すぎだって通報されて困ってたらここの水族館に来て良いって言われてみんなで来たぜ。今では人気者だ。

資格

土管整備師　取得
全魚類怖い顔大会　優勝

ウツボ

ウナギ目・ウツボ科
分布：世界中の温暖な地域の浅海
大きさ：20cm ～ 4ｍ（種類によって異なる）
イセエビ類と相利共生関係にある（イセエビの天敵はタコで、ウツボの大好物はタコ）。

性格・趣味・特技

オレたちって怖いイメージだろ？ でも、顔に似合わず実は臆病なんだ。まあ、バレないようにいつも怖い顔してるだけなんだ。

好きなエサ・嫌いなエサ

水族館ではアジとイカをもらってるけど、本当はタコの方が好きなんだ。秘密だぞ？

どんな水槽、どんな環境で暮らしたいですか？

今の水槽はけっこう気に入ってる。暗くて、せまくて落ち着くぜ。

仲間もたくさんいるからさみしくないしな！

お客さんに何を希望しますか？

オレたちを見て「気持ち悪ーい」って言わないでくれ。

せめて「キモッ！」くらいにしてくれるとうれしいぜ…

水族館ではニヒルな脇役感が強い魚。さまざまな魚が泳ぐ大きな水そうの岩かげでくらします。竹島水族館ではつるされた土管の中にたくさん入っており、ウツボのなかまだけを集めた有名で人気の水そうがあります。和歌山県から食用ウツボを取りよせてこな状にしてつくった「超ウツボサブレ」は、オリジナルのお土産として売り出してまぁまぁ人気の商品となりました！

魚歴書

写真

なまえ　（通称：ウーパールーパー）

メキシコトラフサンショウウオ

年齢　2才

住所（出身）

三谷町の鈴木おじさんの家の60cmの水槽出身です。

職歴

・館長の生物飼育の師匠「鈴木のおやっさん」の家で生まれ育つ

・遊びに行った館長に見つかりスカウトされて水族館にやってくる。すぐに展示デビューする。

資格

・本名があまり知られていない水中生物代表

・何の仲間なのか知られていない生物代表

・実は絶滅が心配されているけどそれもあまり知

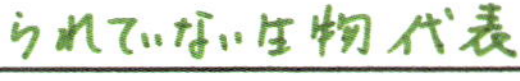

られていない生物代表

メキシコトラフサンショウウオ

両生綱有尾目トラフサンショウウオ科

分布：メキシコ（ソチミルコ湖周辺）

大きさ：約10～25cm

商品名のウーパールーパーとして人気。子どものすがたのままおとなになる。

性格・趣味・特技

性格っつーか、趣味っつーかね、いつもボ～ッとしてることかな。たまに通りかかる仲間の足とか手をエサとまちがえてカプリっいちゃうことがあるので気をつけてます。

好きなエサ・嫌いなエサ

→ やわらかそうなおいしいやつ

→ かたくてまずいやつ、ムリです。

どんな水槽、どんな環境で暮らしたいですか？

キレイなお水がいいわ。ワタシお肌には気を使ってるの。水の温度がいいかんじで変わるとなんだか気持ちがよくなってプリプリッ！ってかんじで卵をうんじゃうわ。あとね、「ウーパールーパー」って、あれね、商品名だから本名をちゃんと表記してくださるとウレシイわね。

お客さんに何を希望しますか？

ワタシね、よく見る人気生物かもしれないけど、自然界では絶滅しそうなの。大切にしてね。自然では色が黒くてですね、白い色のやつはいないんですよ。子供の頃は、手も足もないんですよ。ヨロシクね!!

ウーパールーパーという商品名で、昔から人気の生物。最近は胴が短い「ウパルパ」なんてのもいます。これは子どものすがたですが、大人はトカゲみたいでかわいくない。水中から陸上生活に変わるためにすがたを変える生き物ですが、条件がそろわないとダメ。ほとんどはこのような子どものすがたのまま、水中で一生を終えます。これを幼形成熟（ネオテニー）という。

魚歴書

写真	なまえ	年齢
	カクレクマノミ	3才
	住所（出身）サンゴ礁市岩場町 イソギンチャクマンション 3番地	

職歴

ずっと某歓楽街の2丁目でママをやっており女王と呼ばれ、数々の男をトキメかせてまいりましたが、このたび、水族館の水槽の中で、部下たちとお店を開くことになりました。

資格

- 水族館集客必須魚種 No.1
- 女装、性転換する魚 優秀魚認定
- イソギンチャク管理士
- 映画俳優

カクレクマノミ

スズキ目・スズメダイ科

分布：西部太平洋、沖縄周辺、奄美大島以南

大きさ：約8cm

クマノミの中では性格はおとなしい。体をクネクネする「ワッキング」という泳ぎ方をする。

性格・趣味・特技

ちょっとオネエなところがありまして、男→女に性転換するのよ。ウフゥ〜ン。オネエになって若いオトコをイソギンチャクの中にさそいこむのが趣味よ♡

好きなエサ・嫌いなエサ

好きなのはもちろん若いオトコよ。

嫌いなのは、もちろん、女よ！ オトコが好きなの♡

どんな水槽、どんな環境で暮らしたいですか？

そおねぇ〜、フカフカのイソギンチャクを用意してもらって、その中に若いオトコを何匹も入れてもらった環境が最高ね。でもワタシが死んだり家出すると、次に大きなワタシの大好きなオトコがオネエ化してワタシの代わりに活やくするからよろしくねぇ〜♡

お客さんに何を希望しますか？

ワタシのことみんな「カワイイ〜！」て言うけど、うれしいけど実はワタシ、オネエなんだわ。実際。わかって言ってくれているのならウレシイのでキスしてあげるわ♡ いつでもカモ〜ン♡

ある映画によって、魚を知らない人にも一気に有名になり知名度のあがった魚。人間にたくさんつかまえられたせいで数が少なくなりましたが、今は養殖がさかんにおこなわれています。でも、飼うのはけっこうタイヘン！　住み家のイソギンチャクはさらに育てるのがむずかしく、ゆだんするとすぐにトロけて水が真っ白になり腐敗臭をはなち、水そうが“死の海”になります。

魚歴書

写真

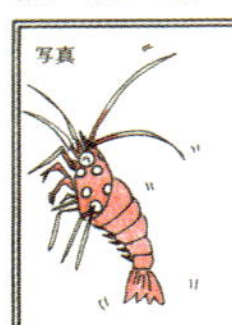

なまえ　（通称：ホワイトソックス）
シロボシアカモエビ

年齢　だっぴ
3回脱皮しました。

住所（出身）
スリランカの～。え～と。う～んと。どこだったかな～。わすれた!!

職歴
インド洋でなんとなくたそがれていたらスカウトされて日本の観賞魚ショップにやってきました。うまれて初めて飛行機に乗りました。そのあと、市内の金田さんの家の水槽で暮らしていましたが、ある日「これ、展示してくれない？」という金田さんの言葉により水族館へ引っこしました。

資格
・ハイソックスが似合うエビ No.1
・食べても美味そうじゃないエビ No.3
・ゆでてもほとんど色が変わらないエビ No.2
・大きさの割に高価なエビ No.4

シロボシアカモエビ

エビ目・モエビ科
分布：インド洋、中・西部太平洋
大きさ：約8cm
白い靴下をはいたような足をもつことから、「ホワイトソックス」ともよばれる。

このエビを見た8割以上のギャルは「キャー、なにこれ！　これ生きてるの？　すっごぉ～い！」っとワメいてケータイで写真を撮ります！　カラフルでかわいくて人気のエビ。ペンキを塗ったような赤い色はもともとの色で、ゆでたわけではありません。おもにスリランカのほうからやってきます。ほかのエビにくらべると値段が高いですが、展示価値も高いです。

性格・趣味・特技
丈夫で温和。キレイなんだけど、お腹がすいていると隣で脱皮した仲間をおそって食べちゃうことがあるので、注意してます。

好きなエサ・嫌いなエサ
何でも食べます。ぜいたくは言いません。エビですがエビでもくれるなら喜んで食べますよ。

どんな水槽、どんな環境でくらしたいですか？
落ちついた水槽で少しかくれる場所がほしいかしら。あと、私の姿からなのか、クリスマスの時だけやたらもてはやされて展示されて、それ以外は展示してくれないことがあるのでちょっと頭にきてます。私はサンタさんじゃありませんからね!!

お客さんに何を希望しますか？
ペンキでぬったみたいな色だねってよく言われますが自然の色なわけさ。別にペンキでぬったわけでも、はずかしいわけでも、酒によっぱらったわけでもなくて自然の赤色なわけさ。

魚歴書

写真	なまえ	年齢
	タテジマキンチャクダイ	大人

住所（出身）
インド洋サンゴ横丁
キンチャクマンション 505号

職歴
子供の頃は大人の模様と違い、渦巻き模様をしている。
大人の階段をのぼっていくと模様が変わり一人前の大人になる。
社会魚となった彼は面接試験を受けタクスイに入社。

資格

意外とデリケートな魚ランキング	1位
英名がかっこいい魚大会	優勝
観賞魚として人気な魚ランキング	堂々1位
ダイバーに人気な魚ランキング	殿堂入り

タテジマキンチャクダイ

スズキ目・キンチャクダイ科
分布：太平洋、インド洋、相模湾以南
大きさ：40 cm
幼魚と成魚とでは、色やもようが大きく異なる。幼魚は「ウズマキ」、成魚は「タテキン」。

これぞサンゴ礁の魚！というような魚。名前が長いので水族館では「タテキン」とよばれます。幼少期はおとなと色やもようがまったくちがううずまきもようで、「ウズマキ」とよばれます。成長につれて少しずつ「タテキン」のもように変化します。タテキンとウズマキのあいだの色もようの青年期は「ウズキン」とよばれます。

性格・趣味・特技
性格は臆病ですが優しい心の持ち主です。
趣味は一人カラオケ。

好きなエサ・嫌いなエサ
好きなものはアサリかな。
他にはエビも好きだよー。

どんな水槽、どんな環境で暮らしたいですか？
広くて大きな水槽が嬉しい。
大人になると体が大きくなるから大きくなっても泳ぎまわれるところがいい。あとは落ち着けるところ！

お客さんに何を希望しますか？
スマホを使って「子供の頃」と「子供と大人の間の頃」の模様を調べてみて。
魚って面白いでしょ？

魚歴書

写真	なまえ	年齢
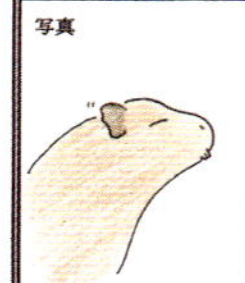	カピバラの そら	ひみつ

住所（出身）
蒲郡市竹島町1-6
竹島水族館 カピバラ水槽

職歴

H25：静岡県の動物園生まれ
H27：3月に竹島水族館へ来館
カピバラショー（日本初）を任命される。
H29：耐震工事のため他施設へ
引っ越し後、子供2頭出産。

資格

カピバラショー構成員
牧草ソムリエ 取得
牧草早食い大会 103位落選

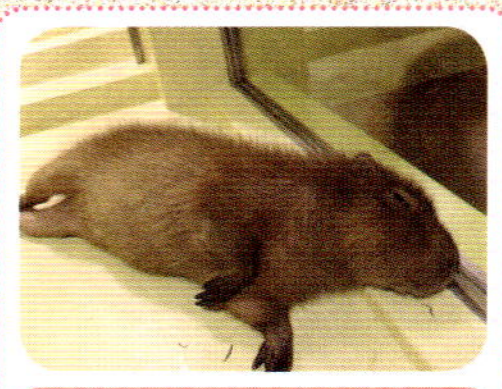

カピバラ

ネズミ目・テンジクネズミ科

分布：南アメリカ東部アマゾン川流域

大きさ：1～1.3m

現生の齧歯類では最大。性格はひじょうにおだやかで、人間にもなつく。

「解説カンバン」や「魚歴書」で水族館に人気が出てきて、“オラの水族館も人気生物を！”ということできてもらったのがカピバラ。しかし、いつも寝てばかりで動かず、人気はイマイチで最初は大失敗……。そこで、飼育員のいうことを聞かないのを見てもらう「カピバラショー」をスタート。これが大ウケ！！　見事スターにのぼりつめました。

性格・趣味・特技

趣味は寝ることです。
特技はカピバラショーでウンチをすること。
性格はゆったりしています。

好きなエサ・嫌いなエサ

ベジタリアンです。牧草やニンジン・カボチャをよく食べています。

どんな水槽、どんな環境で暮らしたいですか？

あたたかくて、お昼寝ができて、好きな時に泳げるプールがあって、時間になったらゴハンをもらえてダラダラとできる環境がサイコーです。

お客さんに何を希望しますか？

クサイと言わないでください。思っていたよりデカイと言わないでください。たくさんカワイイと言ってください。

魚歴書

写真

なまえ：オタリアのラブ

年齢：7さい（2017年現在・推定）

住所（出身）
現：蒲郡市竹島町1-6
旧：南米チリの海岸

職歴
2010年1~2月生まれ（推定）
2011年8月27日 AM 7:00 来館
2011年9月ごろ 噛みつき事件をおこす
負傷者：松野理事長・小林館長・三田
~2017年の間に不定期的に担当者をラブの部屋から出さない閉じ込め事件をおこす

資格
アシカショー大暴走大賞 受賞
閉じ込め検定 1級
特殊潜水士 取得
ケモノコンシェルジュ

オタリア

ネコ目・アシカ科

分布：チリ、ペルー、ウルグアイ、アルゼンチンなど

大きさ：1.8～2.6m

おもに魚やイカを食べるが、ペンギンを食べることもある。天敵はシャチ。

南米チリからやってきたアシカのなかま。来館当時はひじょうに人間不信で攻撃的でした。目つきも悪く、隙あらばかみついてチリへ帰ろうと考えているようだったが、めげずに愛情を注いだらお互いわかり合える仲に。愛情を注ぎすぎてかなり好かれ、“おも～い”存在となったので距離をおいたこともある。女の人にもこれくらい好かれたい！

性格・趣味・特技
小心者でビビりですが好奇心旺盛です。アシカショーで時々大暴れをして、ショーのお兄さん・お姉さんを困らせる事が趣味です。

好きなエサ・嫌いなエサ
アジを丸っと1匹もらえるとハッピーですが、切り身の頭とシッポ、サバはイマイチです。

どんな水槽、どんな環境で暮らしたいですか？
海水のプールで泳ぎ回れるほどの広さと深さがほしいです。意外と狭くても暮らせますが、運動がしたいので広くお願いします。あと、ウ〇コはけっこうするので ろ過装置はぜったいつけてください。

お客さんに何を希望しますか？
私はアシカの仲間なのでアザラシと呼ばないでください。イルカなんてもってのほかです。よろしくお願いします。

「魚歴書」誕生のヒミツ

地方の小さくてビンボ～水族館であった竹島水族館が、深海の生き物の展示数で日本一になったり、解説カンバンを書きはじめたり、少しずつ有名になりはじめたころのこと。日本中の大学や専門学校の学生さんから「竹島水族館で働きたいです！」といって、履歴書がたくさん送られてくるようになりました。履歴書とは、私のセールスポイントを見こんで働かせてください！　という気持ちを伝える、会社への手紙のようなもの。

送られてくる履歴書を見ると、みんな「魚が好きで……」と書いてある。「魚が嫌いで見るだけでヘドがでる！食うのも見るのも大嫌いです！　って人が水族館で働きたいわけはないわなぁ」と副館長と話をしているときに、ふと「魚でこれを書いたらおもしろいのでは？」と思いついたんです。魚が水そうに入るまでのことや好きなエサを書いて、展示している水そうの前にはりだす。こうして魚歴書が誕生しました。こんなことをやっている水族館は全国に、いや世界中どこにもありませんでした。おもしろい！　と大きく話題になり、ツイッターやフェイスブックでも広がり、竹島水族館の地位はさらにあがって有名になりました。

第2章

\\ くら〜いところでモジモジ…… //

へんなすがたの深海魚編

深海魚とは水深200mより深い海にすむ魚たち。
深海は太陽の光がとどかなくてくらいので、
自分の体を光らせてアピールするヤツ、
目がなくなったヤツなど、ふつうの海にいる魚と
ちがって、ちょっとへんな形の生き物が多い。
くら〜い海でいつもモゾモゾ、モジモジしています……。

魚歴書

写真	なまえ	年齢
	オオグソクムシ	ひみつ
	住所（出身） 日本周辺の深海底	

職歴

- 深海でヒッソリと生まれ育つ
- 気がついたら家族で海の掃除屋を経営
- 漁師と仲良くなり、たけすいを紹介され意気投合→電撃入社

資格

- 海底コンシェルジュ
- 深海掃除倶楽部 代表
- 雑誌「サングラス」専属モデル

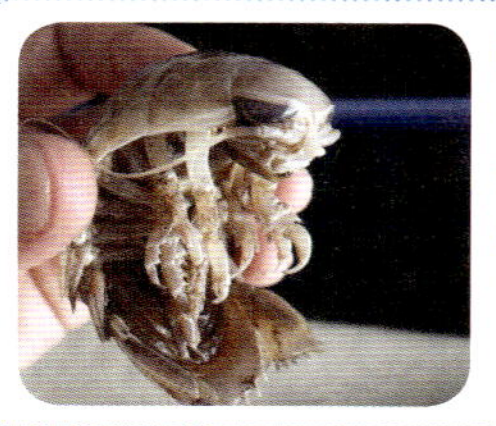

オオグソクムシ

等脚目・スナホリムシ科

分布：本州中部以南

大きさ：10 〜 15 cm

口からクサイにおいを出して身を守る。日本で初めて卵をふ化させることに成功したのが当館。

性格・趣味・特技
協調性はありませんが他者へ干渉せず問題をおこさない良い性格であると自負しています。

好きなエサ・嫌いなエサ
アジがたまらなく好きですがイカやエビは、いまいち好きになれません。

どんな水槽、どんな環境で暮らしたいですか？
水の温度は13度くらいで砂があると良いです。ごはんは数日に1回でOKですが新鮮なアジが食べたいです。ビックリすると口からクサイ液を吐くので、その時は水換えをしてください。

お客さんに何を希望しますか？
スタッフにグルメハンターという私を試食している人がいますが、みなさんは食べないでくださいね。おいしくないです。グルメハンターも言っていました。

代表的な人気深海生物。ダンゴムシの大将のようで、宇宙の生き物のようないでたち。深海にダンゴムシのなかまがいるんだ！と驚かれますが、じつは陸上のダンゴムシのほうがヘンテコ生物で、このなかまの多くは水中にすんでいます。海外産のダイオウグソクムシとよく間違われます。食べられますが、味はビミョウ。竹島水族館には「超グソクムシせんべい」もあります！

魚歴書

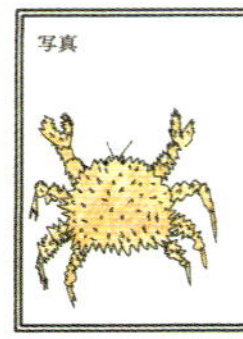

写真

なまえ
イガグリガニ

年齢
38才
主婦

住所（出身）
深海市イガグリストリート
栗畑荘 B棟 508

職歴
・深海の入り口200m付近でオゴソカに暮らす。
・栗拾いにまちがえて来た漁師さんにスカウトされて竹島水族館へ。
・生け花の花を刺すやつとして使用されそうになったけど、逃げ出して水槽に入る。展示。

資格
・毛ガニとまちがわれるカニ 5年連続1位
・それほどおいしくないカニ 努力賞
・森に落ちていそうなカニ No.1
・濁点が多いカニ グランプリ

イガグリガニ

十脚目・タラバガニ科
分布：東京湾〜九州沿岸
大きさ：約15cm
カニという名前だが足は左右に各3本で、じつはヤドカリのなかま。

これほどトゲトゲ武装したカニはめずらしく、先祖が敵に食べられてくやしい思いをした結果の進化なのでしょう。食べてみたけど、それほどウマくない！春になるとオスがメスのうでをハサミではさんで、手をつないだカップルになります。「トゲトゲだから、あんなことやこんなことをするのが大変ではないのカニ？」と聞くと「ほっとけ！」と言われた！

性格・趣味・特技
見た目はイガイガでコワそうですけどね、いがいにやさしいんですよ、イガグリガニなだけにね…。

好きなエサ・嫌いなエサ
魚の切り身、エビ、イカ、その他いがいに何でも食べます。イガグリガニなだけにね…

どんな水槽、どんな環境で暮らしたいですか？
水温13℃の海水いがいでは飼わないで下さい。イガグリガニなだけにね…
あまり温かい水にされると私、心配で胃が痛くなってしまいます。イガグリガニなだけにね…。

お客さんに何を希望しますか？
森で私を拾うことが仮にあっても中にはクリは入っていませんので開けないで下さい。
私を使ってキャッチボールをしないで下さい。

魚歴書

写真	なまえ	年齢
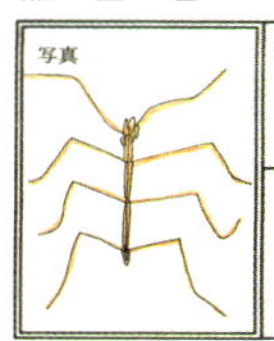	ヤマトトックリウミグモ	不明
	住所（出身）深海200mより深い海を放浪しております。	

職歴

・SF映画で主にエイリアン役で起用され活やくしておりました。SFも最近ではバーチャル映像が主流で、あまり出演回数が多くないことがあり転職して水族館に来ました。

資格

特にありません。でも頑張ります。

ヤマトトックリウミグモ

皆脚目・トックリウミグモ科
分布：太平洋、駿河湾
大きさ：約 10 〜 30cm
体が小さいので、足の中に内臓をもっている。

そのすがたは驚異的で、“ザ・深海変態生物”というのにふさわしい深海生物。名前通りクモのような体形で、細くて体の器官が体のしかるべき部分におさまりきらず、手足のほうにまで広がっています。動きもおそく、毎日なにを考え、人生でなにが楽しくてなにがつらいのか、よくわかりません！　ちなみにゆでて食べましたが、味はほぼありません。

性格・趣味・特技

・性格は内気で消極的です。
・趣味は、死んだふりをすることです。
・夢は陸上を歩くことです。

好きなエサ・嫌いなエサ

まぁね、オレ、何食ってんだか自分でもよくわかんないんだわじっさい。

どんな水槽、どんな環境で暮らしたいですか？

いろいろゴチャゴチャした水槽で他の生き物と一緒だとさ、オレあまり動かないし目立たないから個性が出ないよね。だから小さな水槽で単体で展示がいいかな。それか大きな水槽にボクたちだけで250匹くらい展示とかね。かなりキモイと思うよね。

お客さんに何を希望しますか？

エイリアンみたいだ〜!!って言うけどさ、オレから見たらアンタたちのほうがよっぽどかこわくて異常な生物だからさ。他人のフリ見て自分のフリを見つめてみたほうがいいと思うよ。

魚歴書

写真	なまえ	年齢
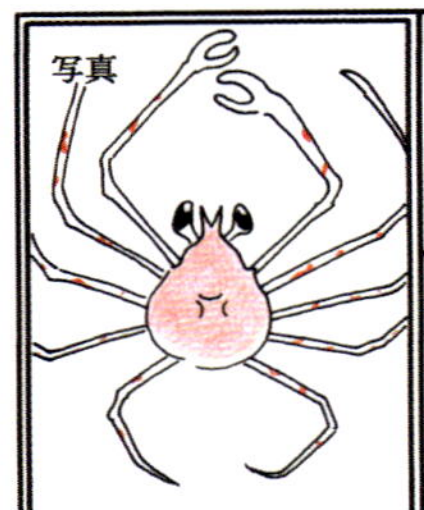	タカアシガニ	ヒミツ
	住所（出身）	
	日本のまわりの深海	

職歴

・カニ料理「タカアシガニ本家」オーナー
・本「タカアシガニのすべて」出版
・いろいろあり竹島水族館へ電撃入社。深海コーナー目玉となる

資格

・高枝バサミ技師
・名前まちがえられたで賞受賞
・カニ1グランプリ優勝

タカアシガニ

十脚目・クモガニ科
分布：日本近海
大きさ：3.8m
近縁種4種はすべて絶めつ種で、現生の節足動物では世界最大。

性格・趣味・特技
いたって温厚な性格なので背中に他者が乗っても怒ってイジメることもありません。

好きなエサ・嫌いなエサ
ここの水族館では、イカとアジが1番です。

どんな水槽、どんな環境で暮らしたいですか？
温度を13度と低くできる高級クーラーと新鮮な海水・腕を伸ばせる広さの水槽とごはんはハサミに持たせてくれるか、お口にあ〜んって食べさせてほしいです。

お客さんに何を希望しますか？
ぜひ1度は食べてみてほしいです。蒲郡市内の料亭で食べることもできます。水族館のボクたちは食べないでね。

世界一大きなカニ。当館のシンボルのような生物で、地元のスゴうで漁師さんたちによって水族館にもちこまれます。足を広げると３ｍをこえる大物がくることも。ほかの水族館のレア生物を、このカニと交換してもらいます。じつは、なかなか手に入らないのだ！　飛行機で外国に送ることもあります。食べたらおいしいけど、こんなカニをゆでる大きな鍋がない！

魚歴書

写真

なまえ
オオクチイシナギ

年齢
たぶん 12才 おぼえてない

住所（出身）
遠州灘3丁目
コーポ岩場 101号

職歴
イシナギ商業高等学校卒業
イシナギ海運株式会社 入社
一身上の都合で退社（黙って上司のお弁当を食べてしまった）
三食昼寝付に釣られて竹島水族館入社

資格
三級海技士（航海）免許
大食い選手権東海大会優勝
のんびり王決定戦 3位

オオクチイシナギ

スズキ目・イシナギ科
分布：九州以北の各地、北太平洋、石川県
大きさ：2m
肝臓にはたくさんのビタミンAがふくまれており、食中毒に注意。

映画の俳優さんのようなシブく哀愁のただよう顔をした魚。深海の200mほどのところから水族館にやってきます。オオクチイシナギは、イシナギ科イシナギ属の大きな口のヤツ、というひじょうにわかりやすい名前。名前にタイとつくクセにじつはタイじゃない魚もたくさんいるので、それにくらべると覚えやすくてボクはとても好きです。

性格・趣味・特技
普段はボンヤリしてるけど、ゴハンの時は本気出す！
特技はエサの横取りだ!!

好きなエサ・嫌いなエサ
→ 特にないよ！
→ アジと仇が大好き！ でも人が食べてるものが一番美味しそうに見えるんだ。

どんな水槽、どんな環境で暮らしたいですか？
暗くてボンヤリしてても目立たないのがいいなぁ。あと体が大きくなるから広い水槽でお願いします。あんまり小さいコはゴハンと間違えちゃうから、一緒には暮らせないんだ。

お客さんに何を希望しますか？
白と黒の地味な魚って言われるけど、よく顔を見てくれよ？なかなか良い顔してると思うからさ。頼むよ？

魚歴書

写真	なまえ	年齢
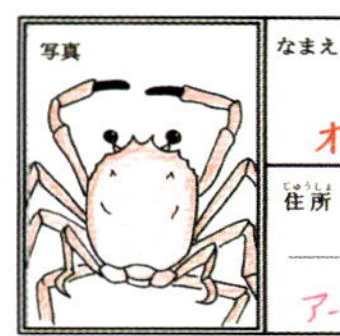	オオホモラ	過去はふり返らない。
	住所（出身） 海の底町3丁目 アーバンスタイルホモラ402号	

職歴
- 登山家（本業）
- カニカニ運送株式会社勤務
- ※現在カニカニ運送が竹島水族館と業務提携中につき出向中

資格
- 大型自動車免許
- ホモラ式クレーン免許
- 海底登山インストラクター免許

オオホモラ

十脚目・ホモラ科

分布：相模湾〜土佐湾、種子島、ハワイ諸島

大きさ：50cm

うしろ足を使って貝がら、ナマコやイソギンチャクなど地面にあるものを背負おうとする。

ホモラというのは、ゴジラとかモスラなどのなかまではありません。4番目の足が変形して、モノを背負えるようになったカニです。そのへんに落ちている貝がらや流木を背負って、身を隠したり守ったりします。甲羅がかたいので、そんなもんで身を守らずともよさそうに思うのですが、かれらなりの背負う理由があるのでしょうね。

性格・趣味・特技
なんでも背負えそうなものがあると背負ってしまうクセがあります。最近のブームはタカアシガニさんの頭に登頂することです。

好きなエサ・嫌いなエサ
わたしカニなんですが同じ甲殻類のオキアミが大好きです。アジもまあまあ好きです。

どんな水槽、どんな環境で暮らしたいですか？
とにかく登る所と背負えるものがないとストレスがたまるので、その2点だけ気をつけてもらえればあとは何でも良いです！あ、でも暑いのは苦手。背負えるものがないとイソギンチャクさんとか間違って背負っちゃうかもしれないんで、ヨロシク!!

お客さんに何を希望しますか？
わたし、よくタカアシガニさんの子供と間違われるんですが、よく見ると分かってもらえると思います。だからよく見てね。

魚歴書

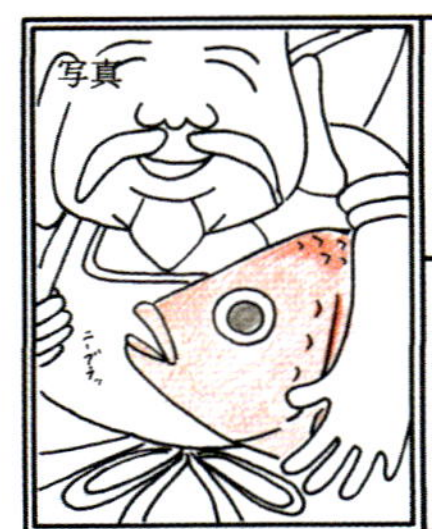

なまえ	年齢
エビスダイ	36才

住所（出身）熊野灘七福神町
コーポ恵比寿202号室

職歴

地方公務員からおかたい性格を気に入られ
某神様の公設秘書へ。
その後一身上の都合により退職。
2015年、竹島水族館入社。
相変らず身も心もかたい。

資格

政策担当秘書資格試験　合格
秘書検定2級
ガッチガチカタイウロコ選手権2016 優勝
〃　2017 3位

エビスダイ

キンメダイ目・イットウダイ科
分布：西部太平洋の南日本～アンダマン諸島、オーストラリア沿岸など
大きさ：体長30～45cm。
美味かつ見ばえがよいため、結納や披露宴料理に用いられる。

性格・趣味・特技
自分、よくかたい性格って言われます。慎重なタイプだとは自分でも思います。ですので、知らない人から急にエサをもらっても食べたくありません。

好きなエサ・嫌いなエサ
アジが好きです。出来れば丸飲みしたいです。小さいエサは気付かないです。

どんな水槽、どんな環境で暮らしたいですか？
暗めで落ちつくのが好みっすね。自分、体が赤いので暗くないと目立っちゃって。あと、出来ればもの陰に隠れられる場所が欲しいでーす。同居人なんかは誰でも大丈夫です。

お客さんに何を希望しますか？
自分、よく「タイの仲間ね！」って言われるんですが、タイさんはタイ科なんで…。自分、イットウダイ科なんで…。もっとよく見て欲しいっす!!

ひじょうに明るくてかわいい顔をした深海の魚で、食べるとおいしい！　深海の魚に力を入れている水族館でしか見ることができないことが多く、全国のほかの水族館から「わけてください！」とよく言われます。バックヤードでいっぱい飼っていても、かなりなかよしの水族館以外はあんまりあげません！　たまにちょっとイジワルなんだ……オレの水族館。

魚歴書

写真

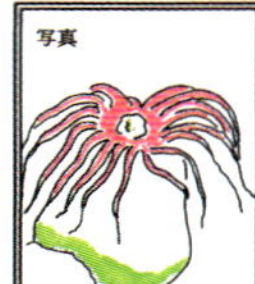

なまえ　セイタカカワリギンチャク

年齢　わからない

住所（出身）　和歌山県　熊野灘　岩の上の隅

職歴

・気づいたら岩の上に生えていた。
・気づいたらカワリギンチャク専門学校に入学　そして卒業していた。
・気づいたら竹島水族館にいた。　そして増えていた。

資格

・美容師免許取得
・ベストヘアスタイル　イソギンチャク部門優勝
・ハデな深海生物決定戦　優勝

セイタカカワリギンチャク

イソギンチャク目・ヤツバカワリギンチャク科

分布：紀伊半島、小笠原諸島、相模湾、五島列島

大きさ：体高が 10 cm、直径は 7 cm

日本特産種。水深 70 ～ 400 m で採集されている。

深海にすむイソギンチャクらしく、地元の深海底びき網漁師さんがとってきてくれました。深さ 250m ほどの海から水族館にはるばるやってきてお客さんに見てもらうなんて、イソギンチャク自身は思ってもみなかったことでしょう。イソギンチャクにとってさぞかしうれしいことなのか、極めて悲しいことなのか、それはわかりません！

性格・趣味・特技

いつもぼやーっとしているように見えますが本当にぼやーっとしています。趣味も特技もないですがこのドレッドヘアーにはこだわってます。

好きなエサ・嫌いなエサ

なんかあの、ほらあれ、プランクトン的な？そんな感じのが好きです。でも何でも食べます。

どんな水槽、どんな環境で暮らしたいですか？

もう、みんながボクのことを放っておいてくれるのが一番ですね。一度岩とか石からはがされちゃうともう一回くっつくのすらダルイんで、マジそこんとこお願いします。

お客さんに何を希望しますか？

特に何も希望しないですけど、実はたまに移動してるんで、何度も足を運んで見くらべてみてもらえるとうれしいです。

魚歴書

写真	なまえ	年齢
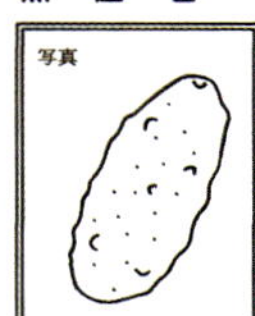	オキナマコ	不詳
	住所（出身） 和歌山の海、ちょい深め	

職歴
工場のライン作業員から派遣社員に転職。竹島水族館に派遣される。深海担当スタッフに、「じっとしててくれれば良いから」と言われ現在に至る。

資格
・ずっと動かない選手権優勝
・じつは食べれる生き物選手権３位
・アマチュア無線４級
・掃除能力検定４級

性格・趣味・特技
とても大人しくて、人見知りです。あまり動きたくありません。そっとしておいて欲しいタイプです。趣味は昼寝です。あと掃除。

好きなエサ・嫌いなエサ
食べやすそうな小さな有機物が良いです。大きな物は食べられません。

どんな水槽、どんな環境で暮らしたいですか？
暗くて寒くて静かな水槽に住みたいです。大きくなくてもいいのですが、細かい砂や泥が敷いてあると助かります。ゴハンは毎日食べなくても大丈夫です。

お客さんに何を希望しますか？
そっとしておいて欲しいタイプですが、たまには私のことも見て下さい。

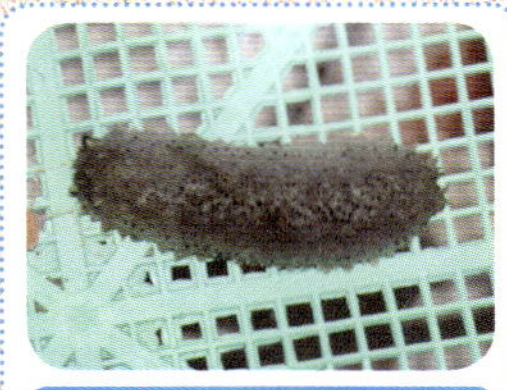

オキナマコ

楯手目・マナマコ科
分布：本州、四国、九州
大きさ：最大 40cm
水深 100m 以上の海底にすむ。乾物にされるほか、健康食品の原材料にも。

深海のナマコです。深いところで毎日なにをやっているのか、ボクにもよくわかりません。もっと浅い快適なところでくらせばいいのに。「生まれも育ちも深海だから、ココが快適なんだ！よけいなお世話！」とナマコは言うかもしれませんが、深海の底びき網漁でよくつかまり、海外で漢方薬などにされているようです。

魚歴書

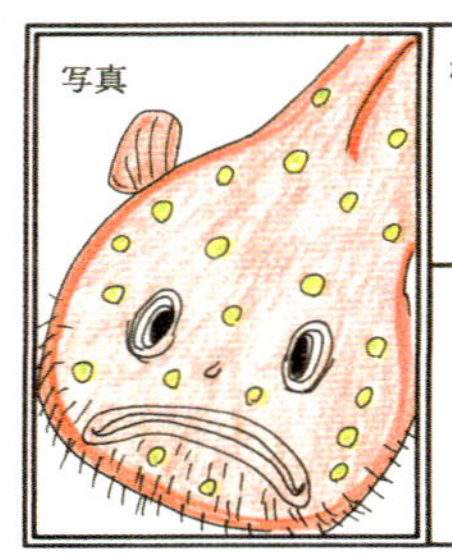

写真

なまえ

ミドリフサアンコウ

年齢

非公開

住所（出身）

三重県沖の深海

職歴

・学校法人 ミドリフサ学園 卒業
・深海にて家事手伝い
・会席屋でアンコウ鍋を作るアルバイト
・カラオケバー「アンコール」を開店、数年で閉店
・オヤジダンサーグループ「ミドリフサーズ」結成

資格

・かまぼこ調理師免許取得
・大型トレーラー運転免許
・深海インストラクター
・ボイラー技師

ミドリフサアンコウ

フサアンコウ亜目フサアンコウ科

分布：南日本、東シナ海

大きさ：約10～35cm

ふだんはほとんど動かない。獲物を見つけたら、びっしりはえた小さな歯でかみつく。

性格・趣味・特技

ちょっとおこりっぽい性格で、すぐにキレて海水をいっぱい飲みこんでふくれます。ふくれた体はオッパイみたいにやわらかいので漁師さんには「ボイン」て呼ばれてます。

好きなエサ・嫌いなエサ

かたくなにエサを食べない時は、つかまえてムリヤリ口の中に三枚におろしたアジを入れて下さい。すぐ食べ始めます。

どんな水槽、どんな環境で暮らしたいですか？

このオヤジ顔をうまく活かした展示をしてほしいな。あとオイラ、けっこうヒゲが生えてるから、ヒゲソリを完備した部屋に住みたいな。3枚刃のやつな。泳ぐのはめんどうでキライなので水流はホドホドにしてくれよな。流されちゃったらカッコ悪いだろ？

お客さんに何を希望しますか？

アンコウっつったらよ、ナベにするあのアンコウを思いうかべるだろ？オレだってそうだよ。でもオレだってアンコウっつう名前が付いてるだからよ、名前と顔を覚えてくれるとウレシイんだよ。

オヤジ顔の魚で、さわるとホワホワの感触。怒ると水や空気を吸いこんで体を丸くふくらませ、オヤジすがたに磨きがかかります。水族館で働きはじめて、初めて出会った魚の一つ。深海の入口、水深200mほどのところから水族館にやってきます。漁師さんからは「ボイン」とよばれ、漁師さんに「ボインがほしい」とお願いをすると「ボイン好きだねぇ」と言われます。

魚歴書

写真	なまえ	年齢
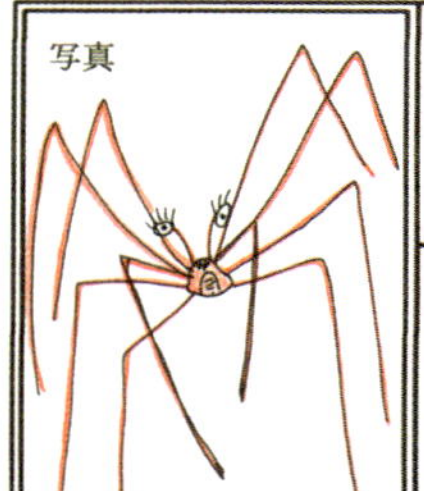	サナダミズヒキガニ	45才 独身
	住所（出身） 水深250m 深海 お祝いミズヒキ 海道ドロ場地帯冷水アパート101	

職歴

・長い間、ご祝儀袋のアルバイトで生計をたてておりました。若い子わかるかなぁ？結婚式とかでわたすお祝い金の入った袋ね。

・その後、長い脚を活かしてモデルになりました。

資格

・ご祝儀袋に使われていそうなカニグランプリ
・20代女子が選ぶ！なりたい足のカニ 1位
・エイリアンみたいなカニ2018 1位
・サナダムシとまちがわれるカニ 1位

サナダミズヒキガニ

十脚目・ミズヒキガニ科

分布：南シナ海、インド洋沿岸、東京湾、山形県以南の太平洋、日本海沿岸

大きさ：約15cm

脚が祝儀袋に使われる「水引」ににていることで、その名がつけられた。

性格・趣味・特技
趣味はね、ボディーシェイプとエステ。
この体と長い脚を維持するの大変なんだからっ♪
特技は主に骨折です。

好きなエサ・嫌いなエサ
コレステロールの高いエサはいやよ。太るから。
動脈硬化にもなりそうだしね。

どんな水槽、どんな環境で暮らしたいですか？
私ね、こんな細い脚を折らずに奇跡的に水族館に来たの。水深250mからアミに入って来たのよ。すごくな〜い？ VIP待遇してほしいわね。
水槽の中にエステショップとエアロビ教室があるとウレシイわね。でもデザートもほしい。別腹なのよね。

お客さんに何を希望しますか？
どうしたらワタシのような美脚になれるかって？ ウフフッ、それは日々のたえまない努力よ。でもあまり近くで見ないでね。けっこうスネ毛が生えてて、はずかしいから。

20代のお年ごろ女子に「コイツみたいな脚に、あこがれる〜！」と言われるカニです。水深250mくらいからやってきますが、この細長すぎる脚が無傷で水族館にくるのはなかなかの奇跡です。細いので食べても身がなく、おいしいカニではありません。とにかく脚が細いので、あつかいにも注意して、移動のときはケースやバケツで水ごとすくい取るようにしています。

ビンボ〜水族館がつくった「解説カンバン」

竹島水族館の館内には、水そうの横にこの本で紹介している「魚歴書」のほかにもいろんな紙がはってあり、ボクたちは「解説カンバン」とよんでいます。

もともとは、カンバン屋さんに高〜いお金をはらってつくってもらっていました。当時のカンバンに書いていたのは、図鑑からぬきだしてならべただけの“お勉強になる文章”。もちろん、たいくつでだれも読まない！　しだいにお客さんはこなくなり、冬の時代に入り暗黒期となった竹島水族館には、カンバンをつくるお金すらなくなっていきました……。

そして、どーせ読まれないし、安くつくれるから……という感じで色画用紙に手書きで書きはじめたのが、解説カンバン。苦しまぎれ、なげやりではじめたものでした。しかし、これが意外に、カンバン屋さんにつくってもらったものよりもお客さんが読んでくれたのです！　きたない字とへたな絵なのに、よろこんでくれて、いつのまにか、すごく有名になってビックリしてるんです！

第3章

＼＼ きれいだけどドンクサイ?! ／／

キラキラ熱帯魚編

ここでは、熱帯や亜熱帯といった、
あたたかい海にすむ魚たちを紹介します。
色や形がカラフルで、ペットとして飼われることも
あります。飼い主になついたり、なかまにエサを
わけてあげたり、気づかいができたりと性格も
かわいいヤツもいます。

魚歴書

なまえ イナズマヤッコ

年齢 32才

住所（出身） インド洋・西部太平洋の岩場を転々と…

職歴
・インドカレー専門店のホール
・ヨガインストラクター
・フィリピンにて バナナ農家見習い
・岩場清掃員
・ビジュアル系バンドメンバー（派手派手で大変人気でした）
・読者モデル（奇抜すぎて流行りませんでした）

資格
カラーコーディネーター
神経質だけど実はかまってちゃん賞
美肌・デリケート肌コンテスト上位
コレという理由はないけど好きな魚賞（海水担当部門）

イナズマヤッコ

スズキ目・キンチャクダイ科

分布：インド・西部太平洋

大きさ：25 cm

派手だが性格は比較的おとなしく、少し神経質なところがある。

性格・趣味・特技 見た目は派手ですが究極のシャイです。構われると病みます。特技は気分がわるくなると色があせることです。しかもなかなか直りません。

好きなエサ・嫌いなエサ アサリが大好きです。みんなが狙っているエサは気がひけてたべにくいです…

どんな水槽、どんな環境で暮らしたいですか？

誰にも構われずしれぇ〜っといられる水槽がいいです。でも体調がヨロシクないときはすぐに気付いてくれる担当じゃないと困っちゃうわ。そういうトコあんまりアピールしないから私の相手は大変よ

お客さんに何を希望しますか？

イナ「ズ」マヤッコです。「ッヅ」じゃないからまちがえないでね。色がうすい時はナイーブなのでそっとしてほしいですー。

なかなかのハデハデな色をしており、魚としての自信に満ちているようなのですが、じつはかなりメンタルの弱い子。同じ水そうの中に少しでもこわい魚がいると、しょぼくれてカゲにかくれてエサを食べなくなったり、寄生虫に取りつかれてしまったりする。そのため、いつも一番ストレスがない環境で飼ってあげないといけない魚。キレイなので人気があります！

魚歴書

写真	なまえ	年齢
	ユメウメイロ	ひみつ
	住所（出身） 琉球列島以南、インド、西太平洋	

職歴
サンゴ礁のおうちで家族一丸となり梅干し作りを行い、商品名「夢梅」で市場に売り出す。爆発的に売れ始めたところを「水族館で活躍しない？」と声をかけられ入社。

資格
梅干しグランプリ 2017　最優秀賞
そっくりさん大賞 ウメイロ・ウメイロモドキ部門　優勝
調理師　免許
梅クイズ大会　優勝

ユメウメイロ

スズキ目・タカサゴ科
分布：小笠原諸島、琉球列島、インド洋、西部太平洋
大きさ：35cm
南方のものは60cm近くになるものもいるといわれる。

性格・趣味・特技

梅干し作りに命をかける。普段は仲間たちと泳ぎ回り、梅の木を探す。

好きなエサ・嫌いなエサ

特にオキアミが好きかな
でも口に入れば何でも食べる。

どんな水槽、どんな環境で暮らしたいですか？

広くて水がキレイなところがいいです。だって梅干し、作る為ですもの。一匹だとさみしいので仲間が必要です。

お客さんに何を希望しますか？

写真を撮ってSNSに投稿すれば"いいね!"がもらえるか試して？
あと…名前覚えてね。

大きなサンゴ礁水そうのある水族館には、たいてい群れて泳いでいる常連魚です。しかしながら小さい水族館には大きなサンゴ礁のある水そうなんてなく小さなサンゴ礁の水そうしかないので、小さな子どものユメウメイロを泳がせます。小さいほうが値段は安いし。でも、思ったよりエサを旺盛に食べてメキメキ成長してしまい、大きくなってちょっと困ります。

魚歴書

写真	なまえ	年齢
	ピカソ・トリガーフィッシュ	5才
	住所（出身）紅海岩場通りゴロ ゴロ岩場字潮通り	

職歴

- 国際アート美術専門学校中退
- 紅海美術造形大学入学・中退
- 風景画や自画像を描きながらそのへんの海を放浪
- 捕獲され水族館へ

資格

- 早撃ちガンマングランプリ優勝
- 市民文化祭絵画展佳作受賞
- 紅海が選ぶ！『気になる魚』2017 3位
- プロのスナイパー

ピカソトリガーフィッシュ

フグ目・モンガラカワハギ科
分布：西インド洋の熱帯域
大きさ：約30cm
キレイな見ためだが、とても攻撃的な魚。幼いころはオレンジ色の体をしている。

性格・趣味・特技

オイラ、せわしなく泳ぎます。泳ぐの好きです。泳いでいる時、同じ仲間に出会うとケンカを売ります！トリガーが火をふくぜ!! オレの背後に立つなよ!!

好きなエサ・嫌いなエサ

エビですかね。アサリも好きです。あと名前が芸術なので裸婦も好物です。なんちゃって。

どんな水槽、どんな環境で暮らしたいですか？

オイラの姿ってば芸術的でしょ？だから美術館で展示してほしいよね。え？それはムリだって？そうしたらオイラのこの体が最大限にひき立つライトや水槽を用意してほしいな。あとかくれるのは得意だから、ふくざつな作りの水槽だと、どこにいるのかわからなくなるよ。

お客さんに何を希望しますか？

ゴッホより～ピカソが好き～!!って言ってもらえると何だかウレシクなっていっぱい泳いではりきっちゃうぜ!!

紅海の固有種（その地にしかいない種類の生物）で、水族館での展示はめずらしい。目から口までの距離が長くて、ややスケベな顔です！目から口にかけて、あざやかな色もようなので、画家のピカソの名前がついたのでしょう。紅海の生き物はとくべつな色もようのものが多く展示では活躍しますが、さまざまなおとなの事情で日本への輸入は少なく、お高い魚です。

魚歴書

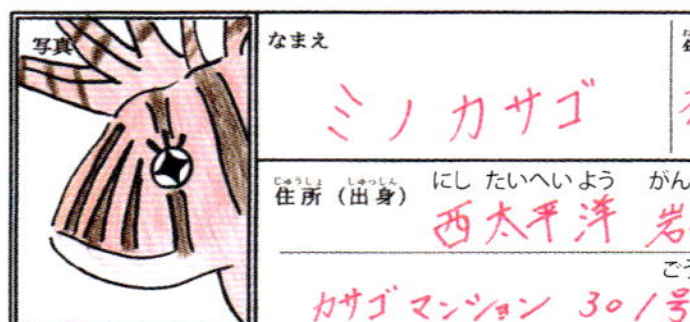

写真	なまえ	年齢
	ミノカサゴ	不明
	住所（出身） 西太平洋 岩礁町 カサゴマンション 301号	

職歴
魚界では大物歌手として活動する。派手なファッションでも有名で「キレイな魚にはトゲがある」という曲でミリオンヒットする。その時、「こちらの世界でも活躍しない？」とスカウトされて入社。

資格

派手な魚ランキング2017	1位
ダイビングで出会いたい魚	1位
ピンクが似合う魚2016	1位
意外とキケンな魚	2位

ミノカサゴ

スズキ目・フサカサゴ科
分布：太平洋南西部、インド洋、日本では北海道の南部以南
大きさ：25cm
背びれを中心に毒をもつ。腹びれの間にある剣にも要注意。食用にもなる。

よく紅白歌合戦で見る有名な演歌歌手にすがたがにている魚です。ひれにはトゲがあり、さされると泣くことになるので、あつかいには注意しています。派手で動きづらい体つきで、水族館にやってきたときにはだいたい自慢のハデハデ衣装がボロボロに……。すぐ展示デビューできずに、元気になるまで裏の治療水そうですごすことになる魚です。

性格・趣味・特技
性格…目立ちがり屋
趣味…歌うこと
特技…早食い

好きなエサ・嫌いなエサ
アジの切り身もエビも大好き。とりあえず、のど飴くれる？

どんな水槽、どんな環境で暮らしたいですか？
私の歌を披露できる大きなステージがある水槽が嬉しい。あとはちゃんとスポットライトとか音響設備がしっかりしていることね。

お客さんに何を希望しますか？
ぜひ、私のCDを手に取って下さいな？ そして私のファンクラブにも入ってね？ 約束よ！

魚歴書

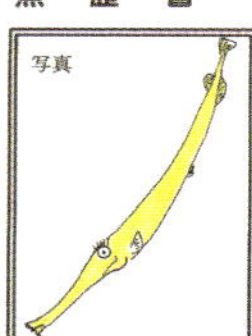

なまえ
ヘラヤガラ

年齢 ヤガラ年齢でいうと10才かな。

住所(出身) アマミ諸島ダイビング市キラキラ海市花園サンゴタウン5丁目12番地

職歴
◎高校生のころは吹奏楽部でトランペット役として活やくしました。
◎社会人になってからは、ジャズと出会い、トランペット役として全国を渡り歩きました。ライブが好きです。
◎生活がキツくなってきたので水族館へ。吹奏楽から水槽楽ってヤツですね。

資格
・口にくわえて吹きたい楽器魚 No.1
・「持ちやすい魚」No.1
・飼育員がえらぶ！不満がありそうな顔の魚 2018オブザイヤー受賞

ヘラヤガラ

トゲウオ目・ヘラヤガラ科
分布：インド太平洋～大西洋
大きさ：80cm
体の色は環境にあわせて自由に変化させることができる。体型は、まちぶせ型の狩りに適応。

じつに特徴的な細長い体をしています。顔はちょっと老け顔。ワニのように口じたいが長いのではなく、長い顔の先に小さい“おちょぼ口”がついているので、大きなエサは食べられません。魚によって体の色がいろいろあります。あざやかな蛍光イエローの子がよくくるのですが、なぜかくすんだクリーム色に変わってしまいます！

性格・趣味・特技
あまり深く人生について考えないタイプです。先のことは考えてもわかりませんからね。潮の流れに身をまかせて生きれば、ホラ、苦しいことなんて何もないんだよ。

好きなエサ・嫌いなエサ
エビとか小魚とかね。そういうのが好物です。
イメージよりもかなり口が小さいので大きなエサは食えません！

どんな水槽、どんな環境で暮らしたいですか？
どんな水槽っつうかね、みんなオレを見て何コイツ！とか、変なヤツだー!!とか、食べるとこなさげ～!!とか好き勝手いってやがるんだ。だれもほめてくれないよ？オレからしたらアンタら人間のほうがよっぽどかおかしな顔に見えるぞ!? オレ、これでも業界内ではイケメンなんだから。

お客さんに何を希望しますか？
オレの名前は「ヘラヤガラ」だからね。「屁が出たイヤ～ン」じゃないからね。わざと言いまちがえるんじゃないぞ。海で会う時は逃げるから水槽のガラスごしによくオレを見ておいてくれよ。

魚歴書

写真	なまえ	年齢
	ホシモンガラ	詐称

住所（出身）

サンゴがいっぱいの所出身

職歴

サンゴ礁で自慢の青ヒゲを
見せびらかしていたら、人間に
スカウトされたざます。
2015年頃に水族館デビューして
青ヒゲをアピールしてるざます。

資格

四皇が認めた幻のフィフスマン
紙ヤスリ代行
S級ヒーロー認定

ホシモンガラ

フグ目・モンガラカワハギ科
分布：太平洋・インド洋・大西洋
大きさ：15cm
気性の荒いモンガラにめずらしい、おとなしい性格をもつ。

性格・趣味・特技

趣味は毎日の青ヒゲのお手入れざます。泳ぎが早いざますよ！

好きなエサ・嫌いなエサ

青ヒゲのために好き嫌いはしないざます。

どんな水槽、どんな環境で暮らしたいですか？

今でも結構満足してるざます。欲を言えば、青ヒゲ仲間がいるとおたがい切磋琢磨できて、より青ヒゲに磨きがかかるざます！

お客さんに何を希望しますか？

どの魚よりも、この立派な青ヒゲを見て欲しいざます！まだまだ立派にしていくざますよ！

あまり有名ではないサンゴ礁の魚です。顔の下半分が青く、お父ちゃんのヒゲそりあとのような感じ。おもしろい解説が書けるね！ということでスカウトされ、水族館にやってきました。魚の解説は水そうで泳いでいるのを見て考えて書くものですが、この子はおもしろい解説を書きたいがためにスカウトされた、通常とは逆の経歴をもつ魚です。アサリが大好き！

魚歴書

写真	なまえ	年齢
	コンゴウフグ	不明
	住所（出身） 太平洋西部、インド洋	

職歴

リストを見ていたスタッフが私のキュートな見た目に心ひかれてついついスカウトしちゃったって言ってたわ。かわいいって罪よね～。

資格

キュートなくちびるコンクール 優勝

コンゴウフグ

フグ目・ハコフグ科

分布：西部太平洋、インド洋

大きさ：30～50cm

目としりびれのあたりにあるとげは成長すると長くなるが、年をとると短くなる。

性格・趣味・特技

かわいい見た目だけど、わたしの皮っには毒があるの。だから食べないで見るだけにしてね。

好きなエサ・嫌いなエサ

水族館ではエビが好きよ.

どんな水槽、どんな環境で暮らしたいですか?

浅い海にすんでるから暗いのは嫌.
海草がたくさん生えてるとうれしいわ!
あとは、あったかい水の方がすごしやすくて好きよ。

お客さんに何を希望しますか?

わたし本当にかわいいでしょ?
ぜひ名前を覚えて帰ってちょうだい。
ハコフグじゃないんだからね?

頭の先とおしりの先に2本ずつ角をもったロボットのようなフグ。子どものころは角がなくてサイコロのような形で、ひじょうにかわいいのでついつい展示してしまいます。しかし、白点病にとてもなりやすく苦労します。病気をふせぐには水の流れを強くするといいのですが、この子はサイコロのような形なので、水流をまともに受けて流されてうまく泳げないのです。

魚歴書

写真	なまえ	年齢
	ハナビラクマノミ	ヒミツ
	住所（出身）しょう サンゴ礁トロピカル市イソギン チャク広場 コーポイソギンチャク A102	

職歴

・県立イソギンチャク高校 耐毒学科 卒業
・私立イソギンチャク大学 バイオイソギンチャク学部 中退
・映画スターを目指すも、「補欠」のポジションで
結局カクレクマノミに主役をうばわれて現在
にいたる

資格

・フラワーアート講師
・あまり気にされないクマノミ 2017 準優勝
・イソギンチャク管理栄養師
・イソギンチャク飼育技師

ハナビラクマノミ

スズキ目・スズメダイ科
分布：西部太平洋〜東部インド洋
大きさ：7〜9cm
イソギンチャクといっしょにくらしている。エラと背中に白い線があるのが特徴。

性格・趣味・特技

昔は社交的でやさしかったですが、カクレクマノミが人気になってからは比較的イソギンチャクの中にひきこもりがちで陰気な性格になりました。

好きなエサ・嫌いなエサ

口の中に入るおいしい味のエサがいいです。大きなエサなどはイソギンチャクにもわけてあげます。

どんな水槽、どんな環境で暮らしたいですか？

カクレクマノミと同居はゼッタイいやだね!! なんでアイツばっかり人気なんだよ!! オレのほうがカワイイ顔してるし、ルックスだっていいんだからよ。!! カクレクマノミのかませ犬にだけはゼッタイなりたくないからよ、そこのところ、本気でたのむぞ。

お客さんに何を希望しますか？

カクレクマノミなんかよりオレたちをちゃんと見てくれよ!! イソギンチャクだってカクレが住むイソギンチャクよりオレたちが好きで住むイソギンチャクのほうが丈夫で飼いやすいんだぜ!! 負けてたまるかよ!!

人気者のカクレクマノミより、チャラチャラ感がなくてボクは好き！ただ少し協調性にかけ、新入りにはきびしかったり、小さいやつを追い回したりするので困る。クマノミというとカクレクマノミが有名ですが、「クマノミ」という元祖クマノミもいます。トロピカルな海には、さまざまなクマノミのなかまがおり、いっしょにすむイソギンチャクも異なります。

魚歴書

写真	なまえ	年齢
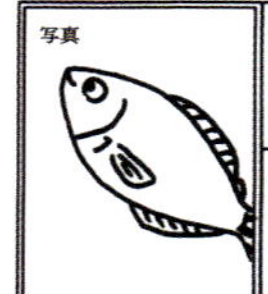	ギンユゴイ	
	住所（出身）本州中部 茨城より南日本	

職歴

仲間たちと一緒に泳いでいる所をダイバーさんに見つかり、気づいたら竹島水族館にいました。

資格

ギンギラギンにさりげなくいたで賞 受賞

マッ○の バックダンサー 魚部門

ギンユゴイ

スズキ目・ユゴイ科

分布：インド〜中・西部太平洋

大きさ：10 〜 20cm

沿岸の岩礁域、および潮だまりに生息。銀色で、尾びれに5本の黒い帯もようがあるのが特徴。

水族館で働き出すまで出会ったことがなかったような魚で、体がギンギラギンにさりげなくキラキラしています。泳ぐのが上手で（まぁ魚だから、あたりまえだけど）網でもなかなかつかまらない！じょうぶでなんでもよく食べ、飼育展示にあたってはそれほど気をつかわなくていい良魚です。

性格・趣味・特技

ちょっと強気ですね。わたしたち。他の魚と仲良くしようと近寄るのですが、みんな逃げてしまいます。なぜかしら？

好きなエサ・嫌いなエサ

とくに好き嫌いは無いです。えらいでしょ？

どんな水槽、どんな環境で暮らしたいですか？

まずは仲間はたくさんいてほしいですね。さみしくなっちゃうので。あまりつめたい水だと寒くて隠れちゃうからあったかい水がいいです。

お客さんに何を希望しますか？

わたしたちトレンドの「ボーダー」を取り入れていていつでも流行の先端を進んでいるのよ！みんなマネしてもいいのよ？

魚歴書

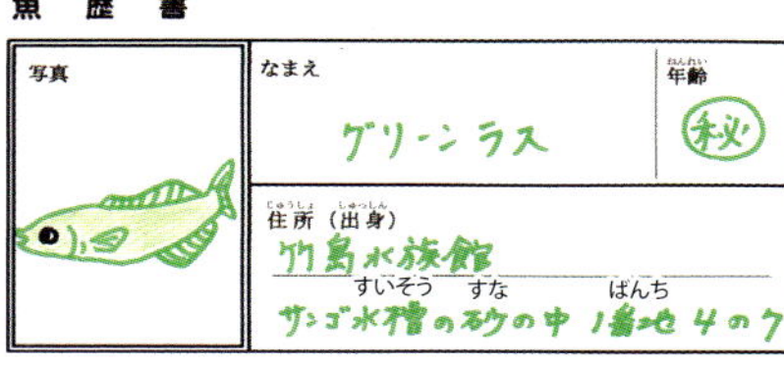

写真	なまえ	年齢
	グリーンラス	秘

住所（出身）
竹島水族館
サンゴ水槽の砂の中 1番地 4の7

職歴
砂の中で大人しくねてたら竹島水族館の
緑大好きなスタッフに見つかりスカウトされる。
最初は企画展デビュー、その後はきれいな
砂の入っている水槽へ。

資格
パステルカラーソムリエ 取得
砂にもぐるのが速いで賞 受賞

グリーンラス

スズキ目・ベラ科
分布：インド洋〜西部太平洋
大きさ：10〜20cm
幼魚では全身が明るいグリーンにそまる。砂にもぐって眠る。

緑色をしたベラという魚のなかまです。展示当時、"今のうちにいろいろハジケないとね！"状態が見え隠れしていた、女性飼育員の荒木美里ちゃん。彼女の髪の毛が緑色だったので、"私ににたキュートな魚♪"ということでこの子が展示されました。美里ちゃんはいつも元気でよく笑うチームのムードメーカー。あ、これ美里ちゃんの解説だ。

性格・趣味・特技
とにかくはずかしがりやなんですボク。すぐ砂にもぐって隠れてます。エサの時はちゃんと出ますのでチャンスです。あぁ、はずかしい。

好きなエサ・嫌いなエサ
見た通り口が小さいので大きなエサは嫌いです。
小さくてもたくさん食べたいですね。

どんな水槽、どんな環境で暮らしたいですか？
砂だけはないとこまりますね。あと、大きい魚はちょっと怖いです。同じくらいのサイズの友達がいてほしいな。

お客さんに何を希望しますか？
ボク小さい時はすごく緑なんですが、大きくなるとだんだん色が変わるんです。成長を見守って下さい。

魚歴書

写真	なまえ	年齢
	キイロハギ	20代
	住所（出身） インド洋 サンゴ横丁 ハギハギ マンション 505号	

職歴
タケスイに入社する前はあるアニメ映画出演のオファーがあり有名魚の仲間入りを果たす。幸せな暮らしをしていたがある日「眩いばかりの美しさだ。ウチに来ない？」とスカウトされ、第二の魚生を歩み始める。

資格
コケ取り職人
黄色が似合う魚ランキング　1位
綺麗好きな魚ランキング　3位
藻早食い大会　優勝

キイロハギ
スズキ目・ニザダイ科
分布：日本から東シナ海、南シナ海をへて、西部太平洋、中部太平洋、インド洋
大きさ：最大 20cm
よく泳ぎ、小さなおちょぼ口で水そうの美観をそこねる藻や海藻を食べる。

性格・趣味・特技

趣味は掃除かな〜。水槽掃除は手伝うよ。性格は怒りっぽいところかな。

好きなエサ・嫌いなエサ

意外と藻食性だから海藻が好きだよ〜。でもエビも好きよ。

どんな水槽、どんな環境で暮らしたいですか？

大きくて綺麗な水槽に住みたいなー。小さい頃は群れを作ってみんな仲良しだけど、大人になると喧嘩することがあるから気をつけて？

お客さんに何を希望しますか？

もう一度、あのアニメ映画を見て私の演技力を見ておくれ！　あとSNS映えするから写真撮って？？

鼻づらが長くてスケベそうな顔ですが、べつにスケベというわけではありません。有名なディズニー映画にも出てくる人気の魚です。ハワイ方面からはるばるやってくるので、最近は価格が高い。昔は安かったのに……。草食がちで、なれればレタスやキャベツなんかも食べます。ハギのなかまは植物が好きです。

魚歴書

写真	なまえ	年齢
	オヤビッチャ	ないしょ
	住所（出身）	
	青森～九州	

職歴

見た目通り かわいいでしょ ボク？
名前も覚えやすくて 小さくて かわいいから
スカウト されたんだよね～。えへへ。

資格

似た魚が多い大会 3位入賞
大人になってもサイズ変わらない組合 会長

オヤビッチャ

スズキ目・スズメダイ科

分布：インド洋～西部太平洋、日本では青森県以南

大きさ：20cm

地色は灰色だが、背中は黄色をおびる。地色は求愛期に青くなる。

性格・趣味・特技

小さいけど気が強いボクたち。
ほら、魚は見かけによらないって言うでしょ？
それでも愛されるボクたち。うれしいな。

好きなエサ・嫌いなエサ

ボクたちなんでも食べるよー！

どんな水槽、どんな環境で暮らしたいですか？

気が強いから他の魚がいっぱいいる所
だとビックリしていじめちゃうかも…あまり
いない水槽がいいな…

お客さんに何を希望しますか？

ボクたちを見て「変な名前ー！」って言わな
いでほしいな…

サンピン茶、ウッチン茶とならぶ沖縄地方のお茶の一種。いや、違います。信じたらダメですよ！スズメダイという小型のサンゴ礁の魚のなかまです。サンゴ礁にはもっとトキメク色や形の魚がいっぱいいるので、この魚は軽く見られがち。石垣島で海にもぐったときもすぐ見つかり、よってきてくれたので「オヤビ！会いたかったぞ！」と水中で言ってしまいました。

魚歴書

写真	なまえ	年齢
	ナンヨウハギ	ヒミツ
	住所（出身）南洋市南洋町 字南洋35－35 コーポサンゴA35	

職歴

ずっと脇役の売れないタレントでしたがとある映画に出てからは、大人気となり、水族館でひっぱりだこ。ギャラは数十倍になりました。
水槽の中でも見てくれる子供たちを中心にかなり人気ですよ。

資格

・映画俳優
・主演男優賞
・抱かれたいハギ 2018 No.1
・顔色悪い魚 2018 特別賞

ナンヨウハギ

スズキ目・ニザダイ科
分布：日本の海や太平洋・インド洋
大きさ：約 15 ～ 20cm
体調により体の色が変化する。ねているときや体調が悪いときは白っぽくなる。

性格・趣味・特技

誰にでも基本的には友好的ですが、たまに同居している同じ仲間とケンカしちゃうので、ちょっと反省していますが、泳いでいるとまたすぐ忘れちゃいます。

好きなエサ・嫌いなエサ

何でも大好きです。でも体には気を使っているので野菜中心でお願いします!!

どんな水槽、どんな環境で暮らしたいですか

そおねぇ～、映画のような華やかな世界で暮らしたいわね～♪ カクレクマノミさんなんかと一緒にサンゴの世界を泳ぎまわりたいわ。

あと、あまり青すぎるライトを使われると、私、本気で顔色悪い感じになっちゃうから明るめのライトで!!

お客さんに何を希望しますか?

名前を覚えてくれるとうれしいな。「ナンヨウハギ」なんよ。尾びれの付け根にトゲがあるんよ。素手でさわるとケガすることになんよ。ナメんなんよ。

昔から水族館の必須アイテム的ポジションの魚で、どこの水族館でもよく泳いでいます。あるディズニーの映画に登場したので、人気になりました。実際には、映画ほどそんなに物忘れがひどいわけではありません。草食がちなので、植物質のエサをあげないと長生きしませんね。キャベツとかレタスをあげると、バリバリとおいしそうに食べます!

魚歴書

写真

なまえ：プテラポゴン・カウデルニィー

年齢：20代

住所（出身）：三重県にある S水族館 出身

職歴：2017年11月に三重県にある水族館から遥々やってくる。他の魚にはない美しさでスタッフを一目惚れさせてしまう。その勢いで水族館の人気者になれるように夢みる。

資格：

和名が美しい魚大会	優勝
オス・メスが分かりづらい魚	1位
口内保育士	免許取得
白と黒が似合う魚	1位

プテラポゴン・カウデルニィー

スズキ目・テンジクダイ科

分布：東南アジア方面の太平洋、バンガイ諸島やインドネシア

大きさ：5～8cm

和名はアマノガワテンジクダイ。おもにサンゴ礁域に生息する。口の中で卵を守る。

「○○ウオ」とか「○○ダイ」といったわかりやすい名前ではなく、宇宙語のようなひじょうに覚えにくい名前。世界共通の「学名」の名前がついた魚です。日本にいる魚は日本専用の名前「和名」がついていますが、外国の魚は覚えにくく覚えるのをあきらめることも……。そんな飼育スタッフを察してか、最近では「アマノガワテンジクダイ」というよび名がつきました。

性格・趣味・特技

特技は繁殖時にオスが口内で卵を守ること。オスはとてもとてもイクメンパパになる。

好きなエサ・嫌いなエサ

小さなエビがいいな～

大きいゴハンは口に入りません！

どんな水槽、どんな環境で暮らしたいですか？

群れで生活するので広い水槽が嬉しいな。口内で卵を守るので落ち着ける所がいいな。ワガママばかりですみません。

お客さんに何を希望しますか？

きっとSNS映えしますので写真撮ってみてね。スマホで和名を調べてみて日本語ってステキよね。

魚歴書

写真	なまえ	年齢
	モンガラカワハギ	1才
	住所（出身） インド洋、西太平洋	

職歴

広い海をまったり散歩していたらダイバーに見つかり、その後ボクちんをさがしていた竹島水族館にスカウトされ2017年入社。
ボクちん目立つからすぐに人気者へのぼりつめる。

資格

ベスト網目ニスト2017 受賞
魚界アミタイツ協会 会長

モンガラカワハギ

フグ目・モンガラカワハギ科
分布：インド洋、西部太平洋
大きさ：30cm
背面には黄色い網目状の斑紋がある。協調性にかけ、だれでも攻撃する。

サンゴ礁域の代表的な魚。関西にいそうな、ちょっとファッションセンスがズレたオバチャンのような見た目をしています。小さな子を仕入れて展示すると、成長を楽しみに何度も足を運んで観察・応援をしてくれる方々がたくさんいます。もともとお客さんから「モンガラカワハギを展示して！」と言われて展示デビューしました。

性格・趣味・特技

ボクちん見た目かわいいけど、すごく気が強くて他の魚を見ると攻ゲキしちゃうんだ…。
かわいい見た目にだまされちゃダメだよ？

好きなエサ・嫌いなエサ

エビもカニもウニも大好き！どんなに固くても強いアゴと歯で噛みくだけるぞ！

どんな水槽、どんな環境で暮らしたいですか？

気が強いからなるべく他の魚は少ない方がいいかな。でも一匹はさみしくなっちゃう。あと、隠れられるようにサンゴとか岩があるとすごくうれしいぞ！

お客さんに何を希望しますか？

目立ってかわいいけど、海でボクちんを見つけても手を出さないでね！噛んじゃうかもだからね！

魚歴書

写真

なまえ
アカネハナゴイ

年齢
3才

住所（出身）
太平洋 サンゴ花畑県.

※そのあとは個人情報により非公開。

職歴

・サンゴ礁の華やかな街で長年No.1ホストをしていました。

・あまりの美男子っぷりとチャラ男っぷりに目をつけた飼育員さんにスカウトされて水族館界に華々しくデビューしました。

資格

・サンゴ礁の女子が選ぶ「抱かれたいハナゴイ」No.1

・アカネって実際どんな色？と聞かれる魚第1位

・サンゴ礁の裏の世界で修行をして「メスからオス」に性転換する技を身に付けました。

アカネハナゴイ

スズキ目・ハタ科

分布：西部太平洋〜インド洋

大きさ：7cm

ハーレム型で生活し、大きくなると強いものはメスからオスに性転換する。

性格・趣味・特技

メスの頃は主にオスのそばに寄って行って色気を使って気をひくこと。オスになってからはもっぱらカワイイメスに寄って行ってナンパしてGETすることでございます。

好きなエサ・嫌いなエサ

「○○ハナゴイ」ってエサをなかなか食べないって言われてるけど。ボクたちはけっこう何でも食べるよ。

どんな水槽、どんな環境で暮らしたいですか？

ここちよい潮の流に乗ってカワイ子ちゃんに寄っていってブイブイいわせたいからさ。速めの水流がほしいね。何しろ女好きなのがセールスポイントだし悪いところでもあるんだよね。チャライかな？魚のくせにチャライかな？

お客さんに何を希望しますか？

本気を出してヒレを広げるとすごくキレイなんで。そのへん良く見てほしいっすね。オレ様のナンパテクニックを学んで街でためしてみてくれよな。きっとカワイ子ちゃんをGETできるぜ。

サンゴ礁やその外がわの潮通しのよい場所に群れでくらす。ハナダイやハナゴイのなかまは、一匹のオスに数匹のメスがいるハーレム生活です。○○ハナゴイという魚はナイーブでエサをすぐに食べないので飼いにくく、○○ハナダイのほうが飼いやすいです。どちらも群れでこそ、華麗なすがたを発揮します！群れで展示するので、お金のかかる魚です！

「解説カンバン」のチェックはしません！

魚歴書をふくめ、竹島水族館の「解説カンバン」には、飼育スタッフが生き物のことを見ていて気がついたり、図鑑で調べておもしろかったりしたこと、特徴などを書いています。すべて、担当の飼育スタッフまかせでだれも内容のチェックはしません。つまり、自分で確認してそのまま館内の壁にはります。「こんなの書いてみたのですが、どうでしょうか……」と先輩に見せることはいっさいナシ！

昔は、書いたものは先輩に見てもらっていました。パソコンでつくっているときに先輩がきて、「アーデモナイ、コーデモナイ」とうしろからアドバイスを言うことも。こうなると、後輩たちは怒られないように、先輩好みの解説を書くようになります。したがって自分の個性がでない！書きたいことが書けない！

だから今では、人を嫌な気持ちにさせない、読んだ人に疑問をあたえないなどのかんたんなルールだけきめて、あとは書きたいときに書きたいだけ書いています！　だから、さまざまな「魚歴書」や「解説カンバン」があります。楽しんでくださいね。

第4章

＼＼ 一度見たら忘れない！ //

ちょっとへんな顔の海水魚編

ここでは、個性的な魚、あんまり人気がないけど
がんばっている海の魚を紹介します。
顔や名前でソンをしていたり、「おいしそう」なんて
言われてちゃんと見てもらえなかったりするけど、
みんなそれぞれ、一生懸命生きています！

魚歴書

写真	なまえ	年齢
	オニダルマオコゼ	50代
	住所（出身） 西太平洋 サンゴ通り ダルマアパート201号	

職歴
2017年に行った「スタッフに似ている魚展」で、あるスタッフに似ていた為、スカウトされる。あまりのルックスに他魚が怖がり特別展示終了後は行き場を失い、水族館の水槽を点々とする毎日を送る。

資格
にらめっこ選手権　優勝
岩のモノマネ大会　5年連続1位
早食い競争選手権　優勝
かくれんぼ大会　優勝

オニダルマオコゼ

カサゴ目・フサカサゴ科（オニオコゼ科）
分布：インド洋、西部太平洋、日本では小笠原諸島、奄美大島、沖縄周辺
大きさ：40cm
背びれに猛毒あり。さされた人を死に至らしめる一方、身は食用で美味。

性格・趣味・特技

背ビレに棘があってそこには強力な毒があるんだぜ。この毒でハンティングするのさ。危ないから触るなよ。

好きなエサ・嫌いなエサ

お肉が大好きだぜー。特にアジがたまらん。野菜いらん。

どんな水槽、どんな環境で暮らしたいですか？

笑顔でいるつもりなのに他の魚たちに怖がられてしまい、いつも孤立してしまうんだ。だから、みんなと仲良くなれる水槽が嬉しいぜ。

お客さんに何を希望しますか？

岩に似ているのか、顔が怖いのか水槽にいても素通りされるので見つけたら大きく手を振って下さい。

海底の岩のような見た目の魚で、知らずに近よってきた魚を瞬時に飲みこみます！水族館では棒の先につけた魚の切り身を、口元で「ほ〜らほら」と見せるとかぶりついてきます。正面から見ると飼育スタッフの鈴木くんそっくり。「鈴木くんににています」といって展示されています。ひれに毒をもち、よほどそのことに自信があるのか飼育スタッフが網でつついても動きません！

魚歴書

写真	なまえ タカノハダイ	年齢 忘れた…
	住所（出身） いわば市あさい所町 タイドプールヒル 204号	

職歴・特に大きな特徴もなくいたってフツーの魚として誕生する。
・釣り人にホカクされるも「クサい、マズい、ションベンタレ」と罵倒され海に帰される。夏のできごと
・納得できん！人気を求めてタケスイに入社

資格 あんまり人気のない魚 認定
元大相撲力士
旬に本気を出す魚 認定
愛知県屈強な唇 選手権 審査待ち

タカノハダイ

スズキ目・タカノハダイ科
分布：日本の房総半島以南、東シナ海・黄海など、温帯・亜熱帯域
大きさ：45cm
頭に近い部分はサメやウツボなどと同様のくさみがある。

名前がにているので、竹島水族館では有名なおすもうさんになぞらえて紹介することの多い魚。食べてもおいしくないようで、釣り人には“ションベンタレ”といわれて嫌われています。ここからヒントを得て、どの水族館でもやっていた「おいしい魚紹介」とは逆に「まずい魚展」をやったところ、なぜか大好評でした！もちろんタカノハダイも選ばれました。

性格・趣味・特技 割とビビりな方。趣味は自分のシマもようはタテじまかヨコじまかきくこと。ちなみに自分、ヨコじまです。

好きなエサ・嫌いなエサ エビが大好物です。
海藻もボチボチたべます。健康には気をつかってます。

どんな水槽、どんな環境で暮らしたいですか？
シマもようのある魚たちとゴチャゴチャワイワイできたら楽しそうだなー！あっでもイシダイのやつとはいっしょにしないでくれ…。あいつ気が荒くてコワイからさ…。

お客さんに何を希望しますか？
クサイ！マズイ！とよくいわれますがアレは夏の時期の話！冬は絶品なんだぞ！もっと評価されるべきだ！！！

魚歴書

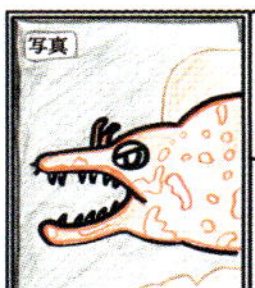

写真

なまえ：トラウツボ

年齢：タケスイに3年はいる。

住所（出身）：土管郡丁字土管町5523-2

職歴
- ○×年 三重県の水族館から来たぞ!!
- 数年前 ドカン水槽で大の人気者に
- 〃 先住民のウツボ先輩にビビる
- ちょい前 ウツボ水槽リニューアルで更に躍進
- 〃 新発売のウツボサブレに嫉妬
- ㋾ トラウツボブームに期待している

資格
- 海上特殊無線技士：ハナのアンテナ活かしてる的な…?
- ウツボ界オシャレ番長
- 2017年 コワモテ魚3選入選
- モチ肌生物認定

※アンテナではありません。

トラウツボ

ウナギ目・ウツボ科

分布：南日本やインド洋、太平洋域

大きさ：80cm

あごが湾曲しているために口を完全にとじることができない。気性が荒く、歯もするどい。

タカアシガニとの交換で三重県の水族館からきました。トラックの荷台にタンクをつんで水をはり、フェリーで運んできました。男性トイレの便器前に「あなたの立派なウツボさんをしっかり便器の中に入れて、おしっこをこぼして汚さないようにしましょう」というウツボカンバンをはったら、そうじがラクになったという伝説の出来事があります。

性格・趣味・特技

意外と大人しいぞ。趣味は土管めぐり。特技は必殺技をくりだすこと。技は飼育員さんにきいてちょ

好きなエサ・嫌いなエサ

タコが大好きだけど タケスイではイカをたべてるよ（タコはたかいんだって。）

どんな水槽、どんな環境で暮らしたいですか?

もっと大きな水槽でもっと目立ちたいです。他のウツボ達はもう少しへらしてトラウツボをもう少しふやしてもらえればカンペキかなぁ!?

お客さんに何を希望しますか?

ツノみたいなのはハナです。コレをつかってたたかったりWi-Fi通信はできないよ。あんまり期待しないでください。

魚歴書

写真	なまえ	年齢
	ネコザメ	?
	住所（出身） 太平洋北西部	

職歴

夏になると漁師さんの船に乗ってたけすいに来るんだ！ 来たら移動水族館で人気者さ！ うれしいなー。ボクやさしいサメだからみんなたくさんさわってね！

資格

サメハダ整備士 取得
サザエ早食い競争 2位

ネコザメ

ネコザメ目・ネコザメ科

分布：太平洋北西部、朝鮮半島、東シナ海、日本では北海道以南

大きさ：最大 120cm

サメだが、人食いザメではないので人にはほとんど危害を加えない。

性格・趣味・特技

サメなのに大人しいからみんなに愛されててうれしいです！

好きなエサ・嫌いなエサ

高級食材サザエやウニが大好きです！

どんな水槽、どんな環境で暮らしたいですか？

岩が多かったり、林みたいにいっぱい海草が生えてる所がいいなぁ。そこにウニとかサザエがいたら最高すぎて仕事ってことを忘れちゃうよ！

お客さんに何を希望しますか？

さわってみて！全然おこらないから！ザラザラでかわいいでしょ？

サメですが気がやさしく、貝が好き。人間の肉は好みません。おとなしいので子どもたちに触ってもらう、さわりんぷーるの住人にもなります。浅い海から小ぶりな子が水族館にきますが、冬に深海漁をしているスゴうで漁師さんによって、深場から信じられないくらいデッカイものがやってきたりもします。触りごこちはザラザラしており、やっぱりサメ肌。

魚歴書

なまえ　クエ

年齢　年酉己にみられます

住所（出身）　三重県の水族館から来たよ

職歴
20XX年：幸運にも市場に出されることなく三重の水族館に着く
20X0年　三重ライフをまんきつし始めた頃にタケスイにグソクムシとトレードされ来館
20ΔΔ年　タケスイライフ充実中

資格
タケスイ人気投票2017　48位
キング・オブ・高級魚
通りすがりに「おいしそう」って言われまくるで賞
面の皮が厚そうな魚　優秀賞

クエ

スズキ目・ハタ科
分布：西日本から東シナ海、南シナ海
大きさ：60cm
九州ではアラとよばれるが、ハタ亜科アラ属のアラとは別種。

三重県のなかよしの水族館から、竹島水族館の深海の生き物と交換してもらって、やってきた子です。三重県には有名な鳥羽水族館のほかにも水族館があります。ぜひ遊びに行ってください！クエは高級魚で、おさしみや鍋の食材になりますが、この子は食卓にあがることなく水そうに入って展示されました。

性格・趣味・特技　基本はほがらかですが新人にはキビしいと評判です。特技っていうかジマンは「体が丈夫」なこと。体は資本ッス！

好きなエサ・嫌いなエサ　高級魚ですが何でもたべます。ってかたべさせられてます。何でもくわせろ！

どんな水槽、どんな環境で暮らしたいですか？
高級魚だからぁ〜。同居の魚も高級魚でぇ、イセエビとかアワビもいっしょかなぁ。あと水温ひくめで、水槽の前には板前さんがいてぇ。ってコレ料亭のイケスやないかーい！

お客さんに何を希望しますか？
すぐおいしそうって言うけど他に言うことはないんですか!? ナベの中にいる私以外もちゃんとみてくださいネッ!!

魚歴書

写真	なまえ	年齢
	ハオコゼ	ひみつ
	住所（出身） 愛知県蒲郡市形原町海ノ沖 アマモマンション	

職歴
三河湾で仲間たちと暮らしていると漁師さんに「水族館で人気者にならない？」と声をかけられて期待を胸に入社。
お客さんに「カワイイ～」と言われ、調子に乗り大水槽デビューを果たす。

資格

釣り人との遭遇率	2位
意外と丈夫な魚	1位
かくれんぼ大会 小魚部門	優勝
カワイイ魚には毒がある選手権	優勝

ハオコゼ

カサゴ目・ハオコゼ科
分布：本州以南の日本各地、朝鮮半島
大きさ：10～12cm
背びれのとげには毒があり、さされるとひどく痛むので注意。

怪獣のピグモンを思わせる魚。海草の生えた砂地のそのへんにたくさんいる魚で、漁師さんがくれたり、夜の港で飼育スタッフたちが魚の寝こみをおそってつかまえたりしたものを展示しています。小さいのに背中のひれに毒があり、さされると半日くらい地味に痛い。さされたのがバレると笑われるので、かくすのですが、痛みにたえられず絶対バレる！

性格・趣味・特技
性格…人見知り
趣味…上を泳ぐ魚を見ること
特技…かくれること

好きなエサ・嫌いなエサ
自分の口に入る物なら何でもOK！ エビが特に好き。

どんな水槽、どんな環境で暮らしたいですか？
上を眺めることが好きなので自分の上を泳いでくれる方たちと一緒に居たいな～。水槽にアマモがあるととても嬉しいな。

お客さんに何を希望しますか？
三河湾にいる生き物たちに興味を持ってほしいな～。もちろん、ボクのことを1番に覚えてくれよな。

魚歴書

写真	なまえ	年齢
	ヒゲダイ	当ててみな！
	住所（出身） 南日本 5丁目 ヒゲヒゲ アパート 10番地	

職歴

いつものように泳いでいると「キミのヒゲいいね～」と言われ勢いで入社。その後、特別展示の「ヒゲ展」で注目を浴びる。タケスイのヒゲの魚代表として君臨する。

資格

ダンディーな魚大会2017 優勝
そっくりさん大賞 ヒゲソリダイ部門 優勝
ヒゲを愛してる魚ランキング 3位（現在）
潜水士 免許

ヒゲダイ

スズキ目・イサキ科
分布：伊豆諸島、小笠原諸島、福島県～九州南岸の太平洋沿岸
大きさ：40cm
下あごにふさ状のヒゲがあるが、煮つけなどにすると食べることができる。

性格・趣味・特技

自慢のヒゲを使って探し物を見つけることができる。特にゴハンとかゴハンを見つけるのが得意。

好きなエサ・嫌いなエサ

肉食系です。アジの切り身が特に好きだぞ。

どんな水槽、どんな環境で暮らしたいですか？

ヒゲソリダイさんと一緒にいると比較されたり、間違われるので別々の水槽が嬉しいです。け、けしてヒゲソリダイさんが嫌いというわけじゃないぞ！

お客さんに何を希望しますか？

自慢なヒゲをお持ちな方は私とヒゲについて熱く語らないかい？色は地味だけど覚えてくれよ！

かれの最大にしてたった一つのチャームポイントは、あごに生えたヒゲ。男の人に生えてくる、あごひげそのものです。毎日お手入れしなくてもいいらしく、水中にはヒゲそりもないのでほったらかし。ヒゲそりでそってしまうと、ヒゲソリダイという別の種類の魚になってしまいます。竹島水族館ではヒゲダイとヒゲソリダイは、よく同じ水そうで展示します。

魚歴書

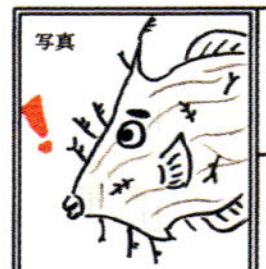

写真	なまえ	年齢
	ヒゲハギ	不明
	住所（出身） 伊豆半島以南 岩礁通り 砂泥アパート102号	

職歴
魚界では知らぬ魚はいないほどの有名なモデル魚。ダンディーなルックスで雑誌の表紙を飾ること10回以上。そんな時「君の特集をしたいからウチにこない？」とスカウトされ、人間界でも有名になることを夢見る。

資格
海藻モノマネ大会　ワースト3位
ヒゲを愛してる魚ランキング　1位
ダンディーな魚大会　殿堂入り
おちょぼ口早食い大会　優勝

ヒゲハギ

フグ目・カワハギ科

分布：太平洋、日本海、東シナ海北部など、熱帯・亜熱帯から温帯

大きさ：23cm前後

全身にはえている「ヒゲ」は、皮ふが変化した皮質の毛状突起。

ナマズやドジョウのような、ヒゲをもつ魚を集めて紹介する「ヒゲ展」をしたとき、ほかにヒゲをもつ魚はいないかな〜と探していたら図鑑でこの魚を見つけて、すかさずゲット。しかし、そのすがたはヒゲハギというより、ただの全身ムダ毛野郎！「人間界にはだれでもキレイになれるお店がある。キミをつれて行きたいよ」と言っておきました。

性格・趣味・特技
特技はこのヒゲの様に見える皮弁で海藻のモノマネをして身を守ること。え…似てない？

好きなエサ・嫌いなエサ
エビが好きだけど、美味しければ何でも。おちょぼ口だから大きいものは食べづらい。

どんな水槽、どんな環境で暮らしたいですか？
みんな、僕のヒゲに興味津々なのはわかるけど、突かれたことがあるから嫌なんだよなー。だからそんなことがないようなお魚さんたちと一緒が嬉しいな。

お客さんに何を希望しますか？
まだまだ知名度が低いから名前を覚えて帰っておくれよ。ヒゲが好きな方は写真を撮って待ち受けにすると良いことあるかも。

魚歴書

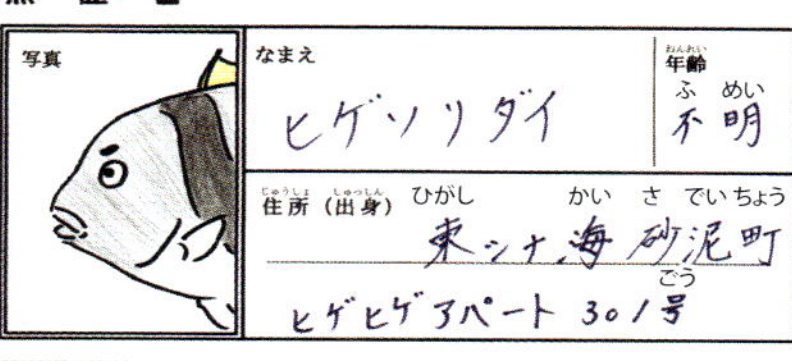
写真	なまえ	年齢
	ヒゲソリダイ	不明
	住所(出身) 東シナ海砂泥町 ヒゲヒゲアパート301号	

職歴

ヒゲダイの登場で注目を浴びることになるが、コショウダイに間違われることもあり、名前を覚えてもらえない。魚生一発逆転を狙う為、アピール活動をしようとした時に水族館からオファーが来る。

資格

ヒゲソリ職人
そっくりさん大賞 ヒゲダイ部門 優勝
潜水士 免許
ヒゲソリ早剃り競争 3年連続1位

ヒゲソリダイ

スズキ目・イサキ科
分布：東シナ海、朝鮮半島、日本では本州中部より南
大きさ：30～40cm
ひじょうに味がよく、しかもタイの形をしているので近年人気。

魚の世界にも、ヒゲがワイルドで好き！というメスもいれば、ヒゲのないさわやかなのが好き！というメスもいます。いや、知りませんけど！全国の水族館でも展示は少ないようで、あまり見られない魚です。竹島水族館の近くの海にはたくさんすんでいるようで、漁師さんにつれられてやってきます。

性格・趣味・特技

性格は誰とでも仲良くできるぞ。特技はヒゲソリで普段から自分の手入れは忘れない。

好きなエサ・嫌いなエサ

アジが1番！ あまりに小さい切り身は食べた気にならないから大きな切り身ね。

どんな水槽、どんな環境で暮らしたいですか？

大きくて広くて綺麗な水の水槽がいいなー…調子乗っちゃって。誰とでも仲良くできるから色んなお魚たちとふれあいたいな。

お客さんに何を希望しますか？

"ヒゲソリ"って名前についてるけど、剃り残しがあるやつがいるかも。誰が身だしなみが良いか探してみてね。

魚歴書

なまえ

イシダイ

~~年齢~~ 懲役

1年

住所（出身）

三河湾刑務所

第2独房

職歴 500円玉サイズで来館。みんなに愛されていたがある日を境に豹変。気が荒くなり他の魚をかじるなどの暴行を加え反省部屋へと連行される。現在も反省するどころか更に荒くなっている。保釈中であるが飼育員の監視は続いている。

~~資格~~ 罪状：ココではイシダイのしでかした悪行を紹介しよう

◎同居人カミカミ罪：同居人をかみまくるという悪質な犯行

◎器物破損：飼育道具をしれっとこわす。

◎カワイイ詐欺：ふだんはカワイイので本性を知らない人は痛い目をみる

イシダイ

スズキ目・イシダイ科

分布：北海道以南の日本各地、朝鮮半島南部、台湾、ハワイ

大きさ：50cm

甲殻類、貝類、ウニ類などを、くちばし状のあごでかみくだいて中身を食べる。

性格・趣味・特技 性格：きまぐれ、短気

趣味：かたいモノをガジガジすること

特技：輪くぐり（すごくかしこいので覚えたらできる）

好きなエサ・嫌いなエサ カニとか貝をカラごとバリバリいくのが最高だねー！！

どんな水槽、どんな環境で暮らしたいですか？

広くて他の魚が少ないと住みやすいな。あとはウニとかエビがいたら腹いっぱいになっていいな。エサくれるなら輪くぐりだってやってやるぜ！教えてくれればだけどッ

お客さんに何を希望しますか？

すごい頑丈なアゴをしているから指をつっこんだら笑い話じゃ済まないぜ！オレを釣っても口のまわりはぜったいにさわらないこと！

白黒のしまもようで囚人服を着たような魚。けっこうな犯歴をもっており、いっしょにすんでいるおとなしい魚のひれをかじったり、そうじで水そうに入れた飼育スタッフの手にかみついたりしています。そのたびに裏の説教部屋水そうにとじこめられ、展示と裏側を行ったりきたり。どうしてこんな子を展示しているかというと、館長が海でつかまえてきた子だからです。

魚歴書

写真	なまえ	年齢
	ホンソメワケベラ	不明
	住所（出身） インド洋 サンゴ通り クリーナー屋 店長	

職歴
水族館に来るまではクリーナー屋の店長として忙しい日々を送る。毎日多くの魚がやってきて口の中などをお掃除。そんなある日「水族館の魚たちをお掃除してくれ！」と頼まれて入社する。

資格
お掃除コンテスト　3年連続優勝
そっくりさん大賞 ニセクロスジギンポ部門　優勝
魚に人気な魚ランキング　堂々1位
キレイ好きな魚ランキング　1位

ホンソメワケベラ

スズキ目・ベラ科
分布：太平洋とインド洋の熱帯・亜熱帯
大きさ：12cm
そうじをするのはチョウチョウウオ、ギンガメアジ、クエ、マハタなどサンゴ礁の魚全般。

魚にくわしい人なら“クリーナーフィッシュ”としてごぞんじの小魚。ほかの魚の体の寄生虫などを食べます。牙の生えた魚やでっかい口の魚の口の中にも平気で入り、食べかすなどを食べて歯磨きの役割をします。当館のウツボ水そうでは、たまにいなくなります。もしかして、食べられている……？！

性格・趣味・特技
性格はとてもお人好しです。せっかく掃除しようとしても食べられてしまうこともあります。

好きなエサ・嫌いなエサ
お魚さんを掃除して体に付いた寄生虫や食べかすをいただきます。

どんな水槽、どんな環境で暮らしたいですか？
他のお魚の掃除が好きなのでたくさんの種類のお魚さんたちがいる水槽が嬉しいな。掃除ができない魚生ほどつまらないものはないよ。

お客さんに何を希望しますか？
ボクにそっくりなお魚がいてみんな被害にあってるみたい。お客さんも詐欺には気をつけてね。

魚歴書

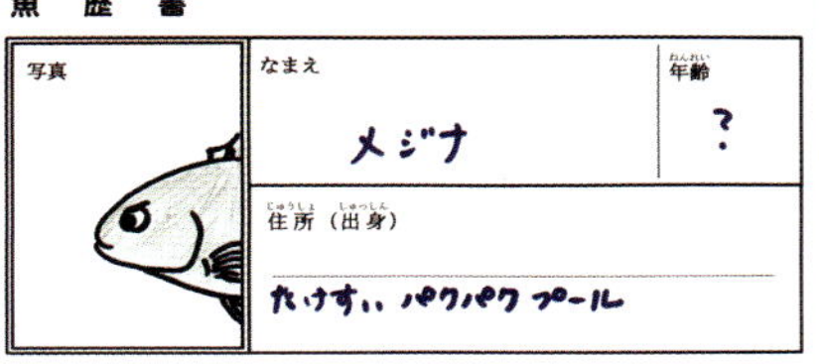

写真	なまえ	年齢
	メジナ	?
	住所(出身)	
	たけすい パクパク プール	

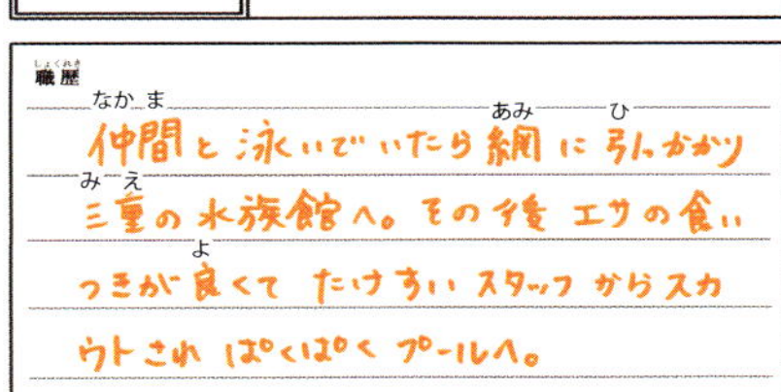

職歴

仲間と泳いでいたら網に引っかかり三重の水族館へ。その後 エサの食いつきが良くて たけすい スタッフ からスカウトされ ぱくぱく プールへ。

資格

呼び名が多いで賞　受賞

地味魚同好会　会長

メジナ

スズキ目・メジナ科

分布：北海道南部〜台湾

大きさ：40 〜 60cm

静岡地方では釣りのエサとして、みかんを使うこともある。

じょうぶですぐ大きくなりふてぶてしいので、おとなになると入れる水そうに困る子。竹島水族館のパクパクおさかなプールで、お客さんがくれるエサに群れで飛びつき大活躍です。有料のエサを食べるメジナくんは、竹島水族館のエサ財政をささえる重要な“カセギガシラ”。グレという別名で釣り魚としても人気です。

性格・趣味・特技

特技は、クロダイっていうそっくりな魚の中にまぎれて隠れる隠れ身の術!

好きなエサ・嫌いなエサ

なんでも食べるよ! たくさん食べるよ!

どんな水槽、どんな環境で暮らしたいですか?

なんでも たくさん 食べちゃうから 他の魚が いっぱいいると エサが食べれなくなっちゃう なぁ。あ、でも メジナ仲間はたくさんいてほしい! あと 広いプールが いいかな。

お客さんに何を希望しますか?

ぱくぱくプール にいるから いっぱいエサを 買って下さい! いっぱい食べます!

魚はこうして水族館にやってくる！

水族館がたくさんの魚を展示するには、いくつか方法があります。

一番かんたんなのが「業者から買う」、つまり観賞魚をあつかうお店や大きな問屋さんから仕入れる方法。魚たちはお店から宅急便で竹島水族館へやってきます。酸素といっしょに生き物が袋に入り発泡スチロールのハコにつめられて、ふつうの荷物と同じようにとどけられます。もちろん早くしないと危険なので「午前中指定」でとどけてもらいます！

一番費用がかからないのは飼育スタッフがスカウトする、つまり釣りや網でつかまえてくる方法です。仕事で釣りができるといえども、なにも釣れずに帰ってくると、待っていたほかの飼育スタッフから冷ややかな目で見られます！

竹島水族館がある蒲郡は漁業がさかんなところなので、漁師さんから魚をもらうこともあります。名物の深海の生き物などは、ほとんど漁師さんの協力のおかげ……。漁師さんに嫌われたら、うちの魚の半分以上はいなくなります。

あとは、これらの方法で集まった生き物をなかよしのほかの水族館の生き物と交換しあい、たがいに展示をもりあげる方法です。

これらのさまざまな方法で生き物が水族館にやってきて、みなさんをお待ちしているのです。

第5章

\\ オッチョコチョイでつかまった！ //

竹島水族館のちかくにすんでいた魚編

ここでは、竹島水族館の近くの海（三河湾）や川などでつかまえた魚を紹介します。すぐつかまったり、水そうに入っても飛び出したりするドジな子も多い。けなげに頑張って生きているので、あたたかな目で見守ってくださいね。

魚歴書

なまえ：カエルアンコウ

~~年齢~~ タイプ：サカナです　カエルではありません

住所（出身）：愛知県の沖

旧住所：浜名湖

職歴：
◎プロの釣り師として生まれ育つ
尚、現役でありこれで生計をたてている。
◎特技である海中歩行による健康法を魚界に広めようとするも「魚がヒレをつかって歩くなんてムリだ」と批判され断念。しかしあきらめられずタケスイへむかう。

資格：
フィッシングプロ
健康ウォーキングアドバイザー
色彩検定 合格
プヨプヨすぎる魚で賞

カエルアンコウ

アンコウ目・カエルアンコウ科
分布：東部太平洋をのぞく全世界の温帯・熱帯域
大きさ：15cm
前足のような胸びれを使って海底を歩き回る。頭部に擬餌のついた突起（エスカ）をもつ。

性格・趣味・特技
マイペースです。ちょっとのことには動じません。特技は頭についてる竿をつかって釣りをすること。趣味は散歩です。

好きなエサ・嫌いなエサ
かたまり感のあるモノが好き でもたべすぎると即消化不良をおこします。

どんな水槽、どんな環境で暮らしたいですか?
できればボクたちだけの方がいいかと…
自分と同じくらいの魚ならつい釣ってたべちゃいます。あと泳ぎはあまり得意ではないので高さのない水槽がよいです。

お客さんに何を希望しますか?
竿をフリフリしている時は素振り中。真剣に取り組んでいるのであたたかく見守ってください。応援まってます!!

夏から秋にかけて、地元の漁師さんの網に入って竹島水族館にやってきます。食べてもまずくて市場では売れないのです。ひじょうに食欲旺盛でなれるとなんでも食べますが、調子こいて食べさせすぎるとある日とつぜん死にます。たくさんの数がやってくるので、おたくの生き物と交換してやるぜ！という交換のための重要なアイテム魚になっています。

魚歴書

写真	なまえ	年齢
	カスザメ	50才にみえる
	住所（出身） 三河湾よりはなれたところ	

職歴
おろし金　ワサビすれます
鮫皮製品　カバンやクツに
刀のサヤ　すべり止めに！グリップ力抜群
防具　胴になるよ！ドードー！！
職歴っていうか利用方法です。ハイ。
こんなに使えるのに どこが カスやねん！！

資格
残念すぎる名前で賞
カモフラージュ達人級
魚丸飲み大会優勝
飼育員にイヤがられる魚　入選

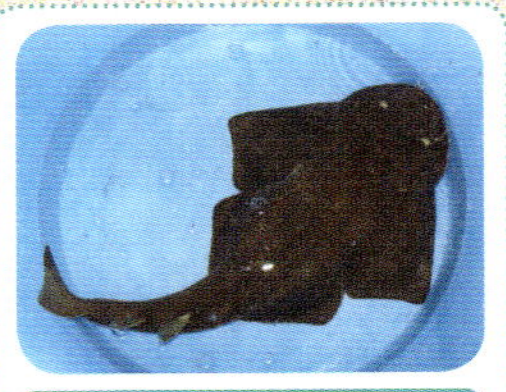

カスザメ

カスザメ目・カスザメ科
分布：北西太平洋、本州東岸から台湾、日本海南部・黄海・東シナ海・台湾海峡
大きさ：1.5〜2.5m
胸びれの先の角度の大小で近縁のコロザメと区別する。夜行性のまちぶせ型捕食者。

よくにた魚にコロザメというヤツがいる。カスザメとコロザメの見わけは、なれないとよくわからない。なれてもなかなか覚えられません。したがって、だれかが調べて名前がわかるまで、そっとそのままにされています。サメですが人間を好んで食べることはしません。人食いザメってじつは少ないんですよ！

性格・趣味・特技
極めてずぶとい性格
特技は「ふい打ち」…セコくないやん！
カスっていうなー！！！

好きなエサ・嫌いなエサ
ある程度サイズのあるエサがええねん。細かいのはイヤや。

どんな水槽、どんな環境で暮らしたいですか？
他の魚を入れると全部たべてしまうから１人部屋希望。あと広くないと入りきらんよ？…アレ？そんな水槽この水族館にあったっけ……？

お客さんに何を希望しますか？
英名は「エンジェル・シャーク」天使ザメや。こっちのが聞こえがいいから日本語名は使わんといてなァー。カスっておかしいやろ!?

魚歴書

写真	なまえ	年齢
	アカエイ	不明
	住所（出身） 蒲郡市竹島町 竹島桟橋 ふもと 水の中	

職歴

竹島桟橋の下を優雅に泳いでいたら捕まって食べられそうになった所をスタッフに助けてもらい、現在は恩返しをしている。

資格

全魚類かくれんぼ大会 準優勝
毒毒ソムリエ 取得

アカエイ

トビエイ目・アカエイ科
分布：北海道南部〜東南アジア
大きさ：1m
シュモクザメ類によくねらわれ、T字状の頭でおさえつけられ、殴打されて食べられる。

そのへんの海にいるエイ。竹島水族館の近くの「竹島」にわたる橋からもよく見られます。夜行性なので、夜に座ぶとん級サイズのものが群れで観察できることも。しっぽにある切れ味のするどい毒針が危険です。飼育員によってペンチなどで切られますが、人間のつめのようにまた生えてきます。自慢の針を切られるのは嫌なのか、キレてあばれます！

性格・趣味・特技

趣味はニンジャごっこです。まあ、隠れ身の術しか使えないんですけどね。

好きなエサ・嫌いなエサ

貝も魚もエビもカニも大大大好きです。
水族館だとアジが好きです。

どんな水槽、どんな環境で暮らしたいですか？

砂がたっぷり入ってる水槽しか入りたくありません。ニンジャごっこできないのはツライですからね。あとは、「えいひれ」をねらってくる魚とは仲良くなれないなぁ。

お客さんに何を希望しますか？

こんな平らな体だけど、おいしいんだぞ！
唐あげ、えいひれ、あ〜おなかすいた。
あ！ボクのことは食べないでね！

魚歴書

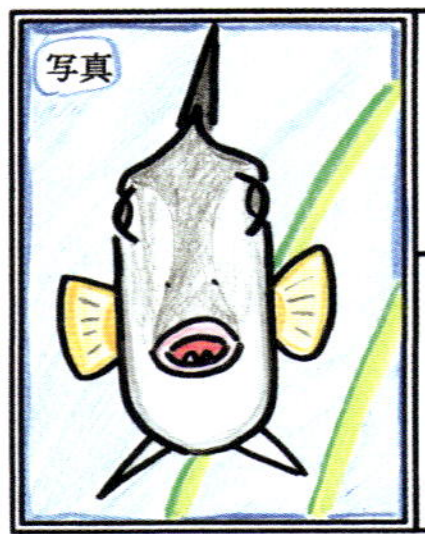

なまえ	年齢
ギマ	24才っぽい

住所（出身） 愛知県蒲郡市
三河湾町 砂地 1121

職歴
・三河湾で育つ。仲間もたくさん
・しばらく釣り人の相手をする
　↳針からエサをちょろまかす楽なおしごと
・仲間は地元スーパーに就職した。
・しばらくニート生活をおくるも 館長に釣られた後タケスイにスカウトされた

資格
直立ガマン大会 魚類の部 優勝
蒲郡市民食卓の友 認定
正面からみるとブサイクで賞
煮付け愛好会 会員

ギマ

フグ目・ギマ科
分布：太平洋沿岸、日本海、瀬戸内海、朝鮮半島南・東南岸、インド〜西太平洋域
大きさ：25cm
背びれ、腹びれに計3本の強いとげがある。肝はクセがなく美味。

性格・趣味・特技

お調子者ッス。趣味はアミたすごーいからまって飼育員を怒らせること。特技はかたいはらびれを使ってずっと陸でたてること

好きなエサ・嫌いなエサ

イソメみたいなムシエサいいよね。ついたべちゃう。あ、針付きはNGでヨロシク！

どんな水槽、どんな環境で暮らしたいですか？

気になるモノはつついちゃうんでそこんとこはたのむね。あと焦るとベットベトの粘液がふきだしてそこらへんビットビトになるからあんまり構うと大変だぜ！

お客さんに何を希望しますか？

蒲郡民はオレのことよくたべるらしいぜ。こえぇよな…。アンタのとこはどうだい？たべないならそっちの町にひっこそうかな…？

ウマヅラの性格の悪そうな顔をしていますが、おいしくていいヤツ！竹島水族館のある地域の目の前の海「三河湾」では、時季になるとたくさんとれてスーパーにもならびます。でも、このようなおいしい魚はみんなスーパーに行ってしまい水族館にこないので、もっぱら自分たちで釣って採集して展示します。

魚歴書

写真	なまえ	年齢
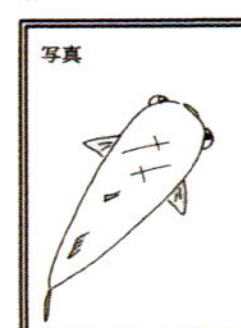	ボラ	本人もわかりません
	住所（出身） 世界中のその辺の海	

職歴

・レーシングチーム「遡上」結成

※時々メディアニュース出演

・ボランティアグループ「ボラ」代表

資格

・おとぼけ顔コンテスト 入賞

・ジャンピングマスター 1級

ボラ

ボラ目・ボラ科

分布：全世界の熱帯・温帯、日本では北海道以南

大きさ：80cm

海面上で体長の2〜3倍ほどの高さまでジャンプする。人にぶつかることも。

ボーッと海をながめてたそがれていると、突如海面からピョーンと飛びあがり、海面に叩きつけられるようにバシャン！と水に消える魚がボラ。夏に浜辺で小さい子がスカウトされ水族館にやってきては、大きくなると夜に水そうから飛びはねて床に落ち、翌朝ミイラ化孤独死で発見される。成長してきたら気をつけて、海に帰したりします。

性格・趣味・特技

他魚は全く気にしない性格で、飛びはねることを趣味・特技としています。はい。

好きなエサ・嫌いなエサ

文句は言いません。なんでも食べます。はい。

どんな水槽、どんな環境で暮らしたいですか？

私かなりタフなほうだと思うのでどんな環境でもやっていけます。ただ水槽にフタは付けてください。私ジャンピングマスターなもので。はい。

お客さんに何を希望しますか？

私は冬に食べるとおいしいのですが知っていました？はい。

魚歴書

写真

なまえ エイラクブカ

年齢 2さい

住所（出身） たぶん日本の周りの浅い海。
たぶん千葉県から南〜東シナ海。

職歴

小さい時に三河湾で泳いでいたところ漁師により捕獲。→ 市場のせりにかけられるとヒヤヒヤしていた所、水族館へ連れて行かれる。→ 優しい飼育係がキズを治してくれる。→ たけすい展示デビューをはたす。

資格

・カラーコーディネーター 取得
・フカヒレ早食い大会 3位
・全国鮫乱獲防止協会 役員

エイラクブカ

メジロザメ目・ドチザメ科
分布：銚子以南の南日本〜東シナ海
大きさ：80 〜 120cm
卵胎生だが胎盤はなく、一腹あたり 8 〜 22 匹の子ザメをうむ。

性格・趣味・特技

性格は、自分では温厚であると自負しております。趣味は特にありませんが、ひたすら泳いでいます。

好きなエサ・嫌いなエサ

たけすいでは、アジやイカが好きでありまして、エビはあまり好きではありません。

どんな水槽、どんな環境で暮らしたいですか？

自分は、120cmほどになるため広めの水槽が良いであります。エサをけっこう食べますので、水換えの量は多めにお願いしたいであります。

お客さんに何を希望しますか？

自分は、ホホジロザメのようにコワイ種類ではなく、平和にくらしたいので、こわがらないでほしいであります。コワイと言われると、けっこうキズつきます。

働きはじめてまだ水族館や魚にくわしくないとき、エイラクブカをエンラクブカだとかん違いして、「このサメは笑点の司会者か。覚えやすいなぁ」などと言って、アホヅラしていた覚えがあります。三河湾の沖で漁師さんにつかまえられ、食べてもおいしくないので夏場によく小さいヤツが水族館にやってきます。

魚歴書

なまえ　サンゴタツ

~~年齢~~　辰年生まれ

住所（出身）　竹島のまわり
アマモが生えてるトコロ

職歴
・名前に「サンゴ」って付いてるのにサンゴのない場所でうまれる
・サンゴ感のない自分になやむ
・ふっきれて竹島のまわりで生活している所を小学生につかまりタケスイに送られてくる。そしてサンゴと対面

資格
プランクトンソムリエ
目力ハンパない魚 竹島の部 1位
ロープワーク 1級
全日本最小タツノオトシゴ大会優勝

サンゴタツ

トゲウオ目・ヨウジウオ科

分布：日本海から東シナ海・南シナ海など

大きさ：5～8cm

国内に分布しているタツノオトシゴの中では一番体が小さい。

性格・趣味・特技

何考えてるか分からないってよく言われます。趣味・特技はモノにからみついて筋トレすることです。

好きなエサ・嫌いなエサ

生きたプランクトンしかたべません。グルメなので....

どんな水槽、どんな環境で暮らしたいですか?

しがみつける場所があってエサをガツガツよこどりしてくる魚がいないところがいいです。あといつでもおなかがへっているのでたべものは四六時中あるといいな

お客さんに何を希望しますか?

目力スゴイと言われますが視力が約0.1しかないですからぁ。あ、でも他の魚よりは良い方ですよ!...ダレカメガネカシテ

有名魚「タツノオトシゴ」のなかまです。竹島水族館では夏場によくやってきます。タツノオトシゴ一族はだいたい「口の中に入るサイズの、生きている小さい生物」のエサにしか興味がなく、止まっていたり死んでしまっていたりするものは、いろいろな角度からジロジロながめているだけでなかなか食べようとしません。そのため、飼うのに苦労します。

魚歴書

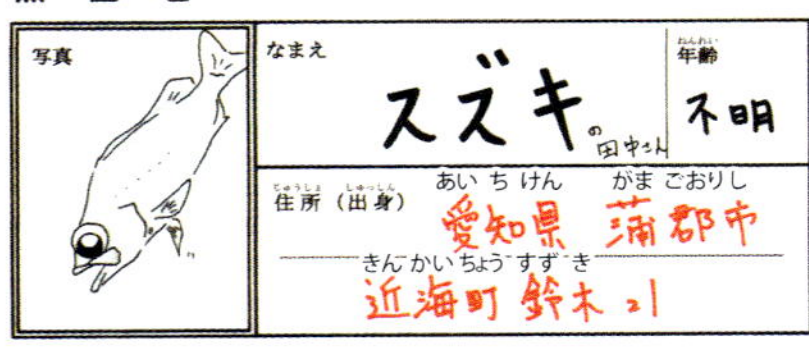
写真	なまえ スズキの田中さん	年齢 不明
	住所（出身） 愛知県蒲郡市 近海町鈴木21	

職歴

・東海地方にて水産会社セイゴを設立。事業拡大により社名をセイゴ→マダカ→スズキへ変更。

・たけすい館長と出会い心惹かれて転職・入社。

資格

・ルアーフィッシング大会　優勝・大会最多記録

・潜水士免許　取得

・普通自動車免許　取得

スズキ

スズキ目・スズキ科

分布：日本列島沿岸、朝鮮半島、沿海州

大きさ：最大１m

成長につれて「セイゴ」「フッコ」「スズキ」とよび名が変わる出世魚（地域により出世名、よび名はさまざま）。

佐藤でも高橋でも田中でもなく、この魚はスズキです！魚に名字があるかどうか知りませんが。近くの漁港などで夜遊びしている、イケナイ若者のスズキがスタッフによって捕獲されます。なんでもよく食べ肉食なので、大きくなると口に入るサイズのルームメイトを食べだすので注意が必要。

性格・趣味・特技　生活が夜型ですので夜更かしなど大好きです。夜に食べるオヤツはたまりませんね。夜食を食べる事が趣味です。

好きなエサ・嫌いなエサ　小さなエサは好みではなく、ほどほどに大きなエビや魚の切り身がスキ。

どんな水槽、どんな環境で暮らしたいですか？　水槽のお水の塩の濃さは濃くても薄くても、わりと平気な顔をして元気にやっていけます。でも気をつかってもらえるとありがたいです。小さな生き物を入れると食べちゃうからね。

お客さんに何を希望しますか？　なにも希望はしません。地味な私を見てくれたのなら、それで良いです。名前も親しみがあるでしょう。

魚歴書

写真	なまえ	年齢
	シロメバル	言えない
	住所（出身） そのへんの海	

職歴
海中にて、みんなで上を向いて海面を見ながら泳いでいたところ、網や釣りによって館長や飼育スタッフに捕まり、スカウトされる。大水槽や小水槽で展示され今にいたる。

資格
・ギョロ目顔決定戦　10位
・目張りテープ技師　取得
・上向き泳ぎ大会 近海部門　2位

シロメバル

スズキ目・メバル科
分布：北海道〜九州
大きさ：20 〜 30cm
和名は大きくはり出した目に由来。立ち泳ぎすることもある。

煮て食べるとおいしい魚。港の岸壁などをのぞくと、群れで上を向いて泳いでいるので目が合います。おたがいに「こんにちは〜うふふ〜」なんて笑顔であいさつ。そして、やつらが油断しているところを、大きめの網でおそいかかってつかまえる。飼育スタッフってひどいヤツなんだ。

性格・趣味・特技
みんなで揃って上を見ていることが好きです。上が気になって気になって。

好きなエサ・嫌いなエサ
小さなエビとか小魚が好きです。上を通られるとヤバイです。

どんな水槽、どんな環境で暮らしたいですか？
冷たすぎない水なら文句は言いません。みんなで仲良く上を向いていたい。それだけです。

お客さんに何を希望しますか？
ぼくって地味でしょ。ぼくもそう思うんだ。でも食べると美味なの。釣っても楽しいよ。え？希望はないですよ。

魚歴書

写真	なまえ アベハゼ	年齢 約1才
	住所（出身） 水族館ウラの貯水プール	

職歴
・水族館ウラのプールで大量発生する
・外務大臣秘書官
・総理大臣
……やってみたいなぁ？
プールで壮大な夢をみていたら
飼育員にアミですくわれてしまった

資格
劣悪環境耐久王
タケスイ勝手に繁殖賞
アンタホントにハゼ？賞 顔面部門
宅地建物取引主任者

アベハゼ

スズキ目・ハゼ科

分布：北西太平洋、朝鮮半島、台湾、日本では宮城県・富山湾以南など

大きさ：4～5cm

水質汚染に強く、ほかの魚類が生息できないような環境でも生きられる。

性格・趣味・特技 割と図々しいよねアイツと言われているらしい。特技は他の生物が住めないようなトコロに居住区を構えること。

好きなエサ・嫌いなエサ 何でもたべます。選り好みなんてしてたらこの先生きのこれないぜ！

どんな水槽、どんな環境で暮らしたいですか？

それなりの水があれば何も求めません。
水が汚かろうと泥が汚かろうと平気です。
ぜいたくをしない コレが私の生残り戦法！（まぁタケスイではずいぶんとぜいたくしてるんだとはいえない）

お客さんに何を希望しますか？

私たちのように強く、たくましく、
元気に日々生きてください。
……以上！！

水族館の裏の貯水プールでなぞの大発生して、すぐさまつかまえられて展示デビューした魚。ハゼのなかまはとても種類が多くて、キレイで特徴的なものやおいしいものはすぐわかります。地味で目立たない子は見わけがつきにくく、名前がわかるまで本で長時間調べることに……。調べるのが嫌いなボクは、副館長にいつもおしつけます！いつもゴメンね。

飼育スタッフは水族館の魚を食べるの……！？

お客さんから一番聞かれる質問ってなんだと思いますか？「飼育スタッフさんってたいへんですよね？」「この魚の名前は？」「自然を守るにはどうしたらいいのでしょうか？」そんなこと、ほとんど聞かれません！

答えは「この魚、食べられるのですか？おいしいのですか？」で、これがダントツです！しかし、こちとら飼育スタッフであって飼うのが専門。個人的にはむしろ肉が好き……。こりゃあかん！　ということで、魚の味について積極的に調べはじめ、専任スタッフもそろえました。今では、ほかの水族館ではタブーなくらい魚の味についてしっかり説明、解説、情報公開しているへんな水族館になりました！　この魚おいしいのかなぁ？　なんて水そうの前で言っていると、後ろから飼育スタッフがしのびより「その魚の味はね……」って教えてくれますよ！

第6章

\\怪獣みたいで覚えにくい//

ちょっとへんな名前の淡水魚編

淡水魚とは、おもに川や湖などの塩分濃度の
低い水の中にすむ魚。なかには、
海に近くて塩分濃度の高いところでも生きられる
タフな魚もいます。ジミで怪獣みたいなへんな名前の
ヤツが多いけど、ちゃんと覚えてあげてくださ〜い！

魚歴書

写真	なまえ	年齢
	インドシナ・レオパードパッファー	4さい
	住所（出身） 静岡の方から…	

職歴

東南アジアで優雅にすごしていたところ「いい仕事がありまっせ。」と誘われついて来たら、まさかの日本でした。日本に来て間もなく水族館へ来ました。

資格

前歯研ぎ師

潜伏師

2016年 ぽちゃカワ グランプリ 優勝

インドシナレオパードパッファー

フグ目・フグ科

分布：タイ、マレーシア、インドネシア広域

大きさ：25cm

純淡水性の中型フグ。体の横にある目のようなもようは、外敵から身を守るためともいわれる。

性格・趣味・特技

獲物を待ち伏せして捕まえるので「性格わるいね」って言われます。

好きなエサ・嫌いなエサ

嫌いな物ナシ！エビや小魚が大好きです。

どんな水槽、どんな環境で暮らしたいですか？

泳ぎが苦手なので、水の流れが強いとバテちゃいます。あとは水槽そうじをサボらないでくれれば満足です。

お客さんに何を希望しますか？

見つめ合うと素直にお喋り出来ないので、あまりじーっとは見ないでくれると嬉しいです。

インドシナのレオパード柄のパッファー（フグ）です。小太りの少年のような顔でかわいい。同じ種類どうしではけんかをすることが多く、ほかの魚がのんびりしているところにうしろから忍びより、ひれをかじったりする陰気な性格が見えかくれします。エビが好きで、するどいクチバシみたいな出っ歯でおいしそうにモグモグ。「もっとちょうだい！」と言います。

魚歴書

写真	なまえ	年齢
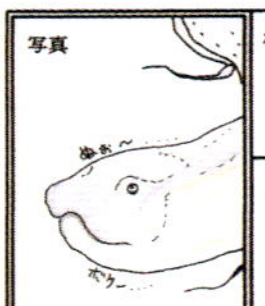	プロトプテルス・アネクテンス	覚えとらんのぉ～
	住所（出身） アフリカの結構な広範囲の泥のある川や湖じゃ…	

職歴

あまりハッキリとは覚えとらんが、ペットショップにおったワシを水族館の人間が連れ帰ったそうじゃ。。。ったかな？ 確かぁ～それが平成にく(29)の年じゃったのぉ～。まだまだ新入りじゃわい。

資格

体がくねくねできるでのぉ～。後ろから敵が来ても大丈夫じゃ！ワシに死角など…ん？資格か？潜水士を持っとるわい！

プロトプテルス・アネクテンス

ハイギョ目アフリカハイギョ科

分布：西アフリカ～中央アフリカ

大きさ：80cm

肺や内鼻孔など、両生類のような特徴をもつ。乾季には次の雨季まで半年以上も眠る。

宇宙語のような名前の「肺魚」です。通称「アネク」。水から出して放っておいても半日くらいはよゆうで生きています。ウナギのおばけみたいで、あまり動かずいつもなにを考えているのかよくわからない。なにも考えていないのかもしれません。いつも黙って水中を見つめ、たまに思い出したかのように水面まで泳いでいき、息つぎをします。

性格・趣味・特技

自然じゃと乾季があってのぉ～。干からびないように「繭」を作ってやりすごすのじゃ!!

好きなエサ・嫌いなエサ

何でも好きじゃが、動き回るのは嫌いじゃな。

どんな水槽、どんな環境で暮らしたいですか？

人間と同じで「肺呼吸」をするのじゃ。深い水槽だとおぼれ死んでしまうぞい。ただ浅すぎるのも嫌じゃ！丁重に扱っておくれ。

お客さんに何を希望しますか？

「食べ方が汚い！」としょっちゅ～言われるのじゃが、食べ方は自由にさせとくれ！つぶらな瞳を見ておくれ～。

魚歴書

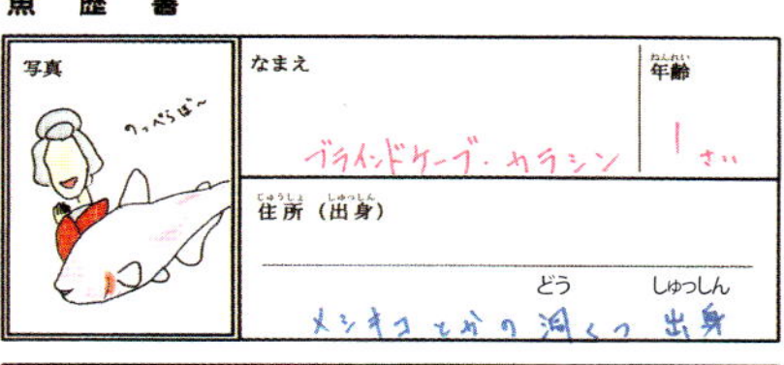

写真

なまえ
ブラインドケーブ・カラシン

年齢
1さい

住所（出身）
メシキコとかの洞くつ出身

職歴

洞くつで毎日暮らしていて、とくに目も必要なかったので退化してしまっています。ただ暗い所には慣れっ子なので、探索チームで活やくしていました。

資格

探知魚 ※水中にかぎる
2017年度 たけすい早食い大会 5位
無灯火水泳士

性格・趣味・特技

慌ただしいです。趣味・特技は泳ぎ続けることです。

好きなエサ・嫌いなエサ

肉食です！野菜はまだダメです…

どんな水槽、どんな環境で暮らしたいですか？

仲間以外は食べちゃうかもです。なかまたちだけにして。明るいと落ちつかないので、暗めな水槽にしてください。

お客さんに何を希望しますか？

のっぺらぼう顔の魚は珍しいです！泳ぎが速くて難しいと思いますが顔を見てみてね!!

ブラインドケーブ・カラシン

カラシン目・カラシン科
分布：メキシコ
大きさ：8cm
食料の少ない洞窟にすむ。エネルギーを節約するため目が退化したといわれる。

メキシコの洞窟にすむ魚。洞窟の中は真っ暗でなにも見えないので目は必要なし！ということで目が退化しました！のっぺらぼうなのがセールスポイント。退化というと、なにかを失ったり手放したりしたようなよくない感じですが、状況に応じてとぎすまされた、ひじょうにかっこいい進化です！

魚歴書

写真

なまえ：二つ目の ヨツメウオ

年齢：3さい

住所（出身）：アマゾン川の水と海がまざる河口の浅瀬の水面

職歴：浅瀬をみんなで泳いでいたら網を持ったオッサンに捕まる。→袋に入れられる。→訳もわからず飛行機に乗せられる。→気がつくと日本。→たけすい副館長から熱烈オファーがあり入社。

資格：
・ギョロ目顔決定戦　準優勝
・虫早食い大会　4位
・メダカ品評会　入選

ヨツメウオ

カダヤシ目・ヨツメウオ科

分布：アマゾン川などの南米北東部〜中米

大きさ：15 〜 30 cm

水鳥などの敵を発見するために、目の上半分を水面上に出して泳ぐ。

性格・趣味・特技
水面を泳ぐという事を趣味・特技としています。逆に水中へ潜る事がすごくニガテです。

好きなエサ・嫌いなエサ
好きなエサは虫です。小さな虫が水面を飛んでいたら群がってしまいます。

どんな水槽、どんな環境で暮らしたいですか？
真水はニガテで海水もあまり好きではないので、真水と海水をほど良く混ぜていただけると嬉しいです。あと、水深があるのもダメです。深いとヒヤッとします。

お客さんに何を希望しますか？
虫は、おいしいですよ。あの動きたまらんですね。みなさんも是非お試しください。

世界四大奇魚の一つともいわれる魚。目が４つあるわけではなく、目の真ん中部分がくびれてつぼ型に上下にわかれているような感じです。飼育されている水族館は全国でも少なめ。つねに水面にういて泳いでおり、水の上の世界と水面下の世界の両方を見ています。もぐるのは苦手なようで、水底に落ちたエサをかなり必死に食べるさまはちょっと情けない……。

魚歴書

写真

なまえ

ネオケラトドゥス

年齢

たぶん
10さい
くらい…

住所（出身）

オーストラリア 出身

職歴

オーストラリアで大事に大事に育つ。
その後、来日して人間の家で大事に
大事に育てられる。
2016年頃、たけすいに来てからも
大事に大事に育てられる。

資格

過保護のカホコさん的魚認定
あごの力No.1決定戦 上位入賞
つぶらな瞳魚部門 第1位

ネオケラトドゥス（オーストラリアハイギョ）

ケラトドゥス目・ケラトドゥス科

分布：オーストラリアのメアリー川・バーネット川水系

大きさ：1.5m

ほかの肺魚よりも原始的な特徴をよく残す肺魚の一種。超高級な観賞魚の一つ。

性格・趣味・特技

おとなしい性格です。貝をからごとかみ砕きわって食べるのが得意です。

好きなエサ・嫌いなエサ

好き：貝、エビ、固形の人工えさ　嫌い：とくには

どんな水槽、どんな環境で暮らしたいですか？

コワイ魚が泳いでない水槽がいいです。体は大きいけど気が弱いんです。結構たくわえているので、ゴハンはそんなにいりません。

お客さんに何を希望しますか？

「死んでると思ってぇ〜」って水槽をたたく人が多いです。どこでも水槽はたたかないで！コワイから…

怪獣のような名前のオーストラリアの肺魚。現地では保護されており、観賞用に養殖されたものが許可を得て日本にきます。この魚、貴重なのでめちゃくちゃ高い！竹島水族館にいるのは、一般の愛好家の方からもらったから。愛好家にこびを売って貴重な魚をいただくのは、竹島水族館の必殺奥義の一つです。よい子の水族館はまねしたらダメだよ！

魚歴書

写真

なまえ：シルバーアロワナ

年齢：ナイショ

住所（出身）：アマゾン川の養殖場

職歴：
・アマゾンから空輸で日本入国
日本到着後、問屋さんの水槽でみんなでしばらく生活をおくっていたところ、たけすいからオファーがかかり入社.

資格：
・大口開け大会　入賞
・水面高飛び　2位
・虫食い競争　4位

シルバーアロワナ

アロワナ目・アロワナ科
分布：アマゾン川、ペルー、ブラジル、南米ギアナ
大きさ：最大 1.2m
アロワナ亜科の最大種。ジャンプの名人で水面上の虫などを食べる。

性格・趣味・特技

性格：ポジティブに上を向いて泳ぐ。

趣味：上を見上げること。

特技：上を見て時々ジャンプ。

好きなエサ・嫌いなエサ

好きなエサ：虫が大好き。

嫌いなエサ：やさい・フルーツ

どんな水槽、どんな環境で暮らしたいですか？

上を見上げられるなら、それで良いです。ただ、水槽にはフタをしてもらわないと、時々、大ジャンプをして飛び出してしまうので、フタはしてほしいです。どうぞよろしく。

お客さんに何を希望しますか？

みなさんにも、私のように上を向いてポジティブに生活をしてほしいですね。そして虫のおいしさにも気がついていただければな〜と思います。

アマゾン出身のシャクレあごで有名な魚。よく東南アジア出身のアジアアロワナと間違われて、高級な魚だ！とお客さんに言われます。アジアアロワナは保護された貴重魚ですが、シルバーアロワナは安い庶民的な観賞魚。といってもすぐ1mくらいになるので、家庭での飼育は覚悟がいる。よく飛び出てミイラ化するので、水そうには絶対フタをして！

魚歴書

なまえ　マナマズ

年齢　たしか3才

住所（出身）　たけすいのちかくのかわ

職歴
- 5月ころにうまれたよ
- 小指サイズでたけすいにきたよ
- さいしょはちっこいケースにいたよ
- ガンガン大きくなっちゃった。他の魚はたべちゃうから1人夢のVIPルームだよ

↳大出世やったぜ。

資格
- 大食い大会優勝（別名：地獄の胃袋）
- すぐデカくなる魚ランキング上位
- チャーミングすぎる顔で賞
- どんな方法でもかんたんに釣れちゃう賞

ナマズ（マナマズ）

ナマズ目・ナマズ科

分布：日本・中国・朝鮮半島・台湾などの東アジア

大きさ：60cm

特定外来生物に指定されたアメリカナマズと区別してニホンナマズとよぶことも。

性格・趣味・特技 オマヌケな性格。特技はヒゲをつかってエサをさがすこと。趣味はすきまにかくれて夜までねること。夜にうごくよ。

好きなエサ・嫌いなエサ 全部好き。全部たべる

どんな水槽、どんな環境で暮らしたいですか？

大きい水槽がいいな。とにかく大きいの。エサもいっぱいほしいよ。山盛りてんこ盛り。欲ばりだよ。日本の川の魚にしてはいろいろとBIGスケールさぁ〜

お客さんに何を希望しますか？

ごはんちょうだい。ミミズでもサカナでもカエルでも何でもたべるよ。でも本当にあげたら飼育員さんにおこられるよ。気をつけてね。

魚歴書では「マナマズ」と表記していますがナマズです。水族館を運営する会社の理事長によって、自宅前のみぞでスカウトされました。当時は全長1.5cm。イトミミズを食うのがやっとだったのに、今ではいっしょにすむほかの魚を飲みこみ、巨大化する困った子になりました。

魚歴書

写真

なまえ：タイガーショベルノーズ・キャット

年齢：たぶん 10さい こえてる…

住所（出身）：竹水通り 淡水コーナー 3番地

職歴

海外の養殖場で育ち、物心ついた時には日本にいました。展示水槽と予備の水槽をいったりきたりで今に至っています。

資格

掘削作業主任者
掘る（シャベル）技師
2015年度 大食ナマズ決定戦 優勝

タイガーショベルノーズキャットフィッシュ

ナマズ目・ピメロドゥス科
分布：アマゾン川水系を中心に南米の熱帯域の河川
大きさ：最大 1.2m
夜行性で、肉食。おどろいたときに突進する性質がある。

アマゾンのバケツロナマズで、そうじ機のような口で大きな魚なども食べてしまいます。水そうでは強気のことが多く、気に入らない魚に攻撃をしかけるややタチの悪いヤツ。きたときは7cmほどでしたが、メキメキ成長して1m弱に！食べただけ大きくなるので、メタボに注意！

性格・趣味・特技

ずかんには「他の魚と一緒でもOK」って書いてあるけど、そんなことないですよ？

好きなエサ・嫌いなエサ

好き嫌いしません！何でも食べます。

どんな水槽、どんな環境で暮らしたいですか？

もっともっと広くて運動がたくさんできる水槽がいいです。早く水族館を大きくリニューアルしてください！ホント、おねがい…

お客さんに何を希望しますか？

みんなと仲良くしたいです。ボクたちと一緒にいっぱい写真をとりましょう！ハイ、チーズ！

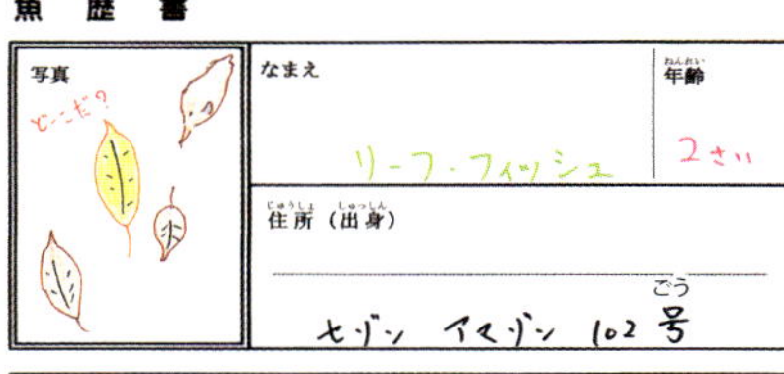

職歴

アマゾンにいた時は、落ちばのマネをして漂っていました。自分自身落ちばと思い込んでボォーっとしていたところアミで捕まった2017年の冬。で今に至る。

資格

しゃくれアゴ魚ベスト9
大食い選手権出場
落ち葉の里 中忍

リーフフィッシュ

スズキ目・ポリケントルス科
分布：アマゾン川を中心とした南アメリカ北部
大きさ：10cm
通常は頭を下に向けている。自分の体の半分くらいまでの魚を食べる。

アマゾンにすむ別名「木の葉魚」。アマゾンのジャングルを流れる川の中は落ち葉や枯れ枝がたくさん。水の中の葉っぱに変装して、泳いできた小魚を狙って「ふっふっふ。バカめ」とパクリと食べる、なかなかスゴイ生態というか陰気なヤツというか。食われたほうからしたら「卑怯者！無念だ！」と思うことこの上ない！

性格・趣味・特技

落ちばに化けて餌が近くに来たとこをパクッ！趣味悪い？

好きなエサ・嫌いなエサ

生きた小魚しか食べません。

どんな水槽、どんな環境で暮らしたいですか？

他の魚と一緒にすると食べちゃいます。別にボクは気にしないですけど、嫌ならボクたちだけにしてください。

お客さんに何を希望しますか？

見た目が落ちばみたいなのでよーく探してください。だいたい顔が下、しっぽが上です。

魚歴書

写真	なまえ	年齢
	タライロン	6さい
	住所（出身） ペットショップだった気がする。	

職歴

そんなことは覚えてないよ！
もう長いこと水族館にいるから
ボケてしまいましたわ！
父さんと母さんはアマゾンでは有名
なワルだったみたいだけど…！

資格

どう猛魚ランキング 上位
デリケート魚ランキング 上位
ボディビル大会　7位

タライロン

カラシン目・エリュトリヌス科

分布： ブラジル北部を流れるアマゾン川の主要な支流シングー川

大きさ： 1m

原始的な生態を保っている古代魚。気性が荒く凶暴、牙がするどい。

性格・趣味・特技

かなり、つかみ所がわからないと言われますね。波があるんです。

好きなエサ・嫌いなエサ

生きた魚がいい！肉ぅ〜！

どんな水槽、どんな環境で暮らしたいですか？

他に誰かがいると食べちゃいます。一人でダラダラのんびり広々が希望です。叶えられるかな？

お客さんに何を希望しますか？

知り合いでボクたちを飼ってる人がいても、絶対にさわろうとしないでね！指がなくなるかもよ！

アマゾン出身の凶悪な魚。見た目からよくシーラカンスと間違われます。牙がたくさん生えており、力も強いので狂乱してあばれるとやっかい。小さい魚は酸素をつめた袋に入って水族館にやってきますが、袋もやぶれないように念のため二重にされています。タライロンはあばれて牙で袋をやぶるかもしれないので、七重にした袋に入って水族館にきました。

魚歴書

写真	なまえ	年齢
「オスカー」とも呼ばれます。	アストロノートゥス・オケラートゥス	1さいちょっと
	住所（出身） 南米の方の河出身	

職歴

自然の河を泳いでいたら、日本の芸能事務所にスカウトされたぜェ～。そしたらテレビで「トゥッス！」ってネタが流行ってたもんだから、丸かぶりで水族館へ逃げて来たぜェ～。

資格

ゴールデングラブ賞（2015）魚類部門
競泳大会自由形ドルフィン金メダル
一級剣術士

アストロノートゥス・オケラートゥス

スズキ目・シクリッド科

分布：ペルー、エクアドル、コロンビア、ブラジル、フランス領ギアナ

大きさ：最大45cm

観賞魚として世界的に人気をほこるが、原産地では頻繁に食用にされる。

性格・趣味・特技

よく短気って言われるぜェ〜。
趣味は読書、特技は滝のぼり。

好きなエサ・嫌いなエサ

肉が大好き！野菜はあんまし。

どんな水槽、どんな環境で暮らしたいですか？

けんかするかもしれないから、一匹がいいぜェ〜。けど、いっぱい住人がいると誰とけんかすればいいか分からなくなるぜェ〜。

お客さんに何を希望しますか？

たくさんいファンをみんなオレのものにしようと思うぜェ〜。たのむぜェ〜。ばーい！

覚えづらい名前なので、通称「オスカー」という名前でよばれるアマゾンの魚。クリクリした目と厚めのクチビルでかわいい顔をしていますが、すぐほかの魚にけんかをしかけるので水そう内のメンバーを考えて展示しないと困る魚です。ざんねんながら魚の世界でもいじめがあります。みんななかよくでは、自然界では生きられずに絶めつするのかもしれませんね。

ビンボ～水族館をおびやかす高級魚たち

竹島水族館には約 500 種類ほどの魚がいますが、その中にはすご～く貴重な魚もいます。値段がつかないような、つけたくないようなレベルの深海魚などもいます。保護されている外国の熱帯魚などは、小さいくせにやたら高く、サンゴも外国のものや養殖は高いです！　自然界にたくさんいるから安くなっているものもいます。

ビンボ～水族館としてはかなりの度胸、気あいと根性、すて身の覚悟をもって、念入りに飼い方や危険ポイントを調べて高級魚を飼います。水そうに入ると、しばらくガラスにへばりついて魚を見つめ、念や気をそそぎます。おまえぇ！　死んだら殺すからなぁ！　絶対だぞぉ！　と、おどしたりもします。

ドキドキするのは、魚がやってきた日の次の出勤日の朝。死んでいたらどうしよう……と、水そうを見るのがこわいです。魚が気になって眠れずに、コッソリ夜中にようすを見にいくこともあります。飼育スタッフにとってはかなりのストレス生物。それが高級魚です。

第7章

ジミすぎて忘れられる生き物編

水族館ではちょっとカゲがうすい、
貝やヒトデなどの生き物たち。
でも実は、「海のギャング」なんてよばれる
コワイヤツなど個性的な存在ばかり！
ここでは、カゲがうすいけど、がんばっている
生き物たちを紹介します。

魚歴書

なまえ	貝タイプ
マガキガイ	巻貝

住所（出身）砂浜市浅瀬町
インペリアル巻貝 102号室

職歴
駅の清掃員：よくゴミをひろい優秀
私立巻貝中学校副校長：マメに細かい作業をする
登山家：落下が多い。目指せエベレスト！
役者：右手に寄生しそう。迫真の演技である
忍：意外とカゲがうすいので忍べる。
数多い経験を積みタケスイに入社

資格
普通巻貝免許 取得
アグレッシブな巻貝ランキング 2位
コキつかわれてる巻貝 3選 入選
動物展のゾウポジション ザ・ベスト賞

マガキガイ

盤足目・ソデボラ科
分布：西部太平洋、日本では房総半島以南
大きさ：6cm
「まがき」は、竹などで、目を粗くあんだ垣根のこと。食用にもなる。

性格・趣味・特技 おちつきがなくよく転がっている。趣味・特技はロッククライミングです。どんくさい見た目ですがスポーツしてます。

好きなエサ・嫌いなエサ 地面におちている小さなモノをちょびちょびたべています

どんな水槽、どんな環境で暮らしたいですか？

私の魚名板（名前や説明が書いてある板）がついている水族館が少ない気がします！ユルセナイ…。私に…私に貝権（人権的な）をください！！

お客さんに何を希望しますか？

「ゾウ貝」とか「ブス貝」とか好き勝手名前をつけて本当の名前を知らずにどこかへ去る方が多くてくやしいです！ちゃんと覚えてください！！

水そうに生えたコケや食べ残しを食べてくれるそうじ屋さんの貝。水底をモゾモゾはう底担当のヤツ、壁やガラスについたコケを食べる壁担当のヤツもいて、どちらも水そうに入れておけば飼育スタッフのそうじの手間はうんと減る。貝のくせにわかりやすい目をもち、海底でモゾモゾしながら貝の中から目をニョキリと伸ばしてこっちを見つめてくるので、ちょっとこわい！

魚歴書

写真

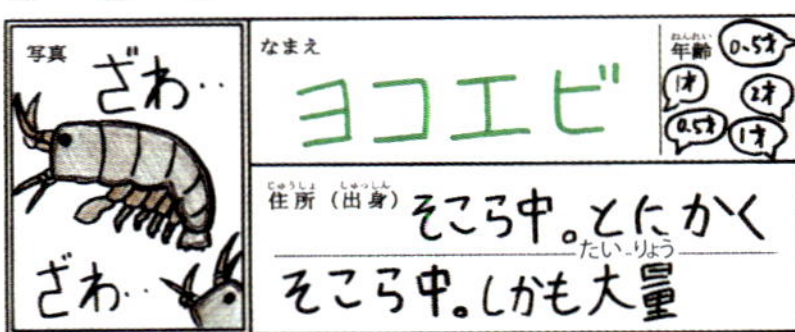

なまえ　ヨコエビ

年齢　0.5才　1才　2才　0.5才　1才

住所（出身）　そこら中。とにかくそこら中。しかも大量

職歴
@ひょんなことからタケスイの水槽へ
@居心地がよかったので10匹にふえる
@エサがころがっていたので30匹にふえる
@水がキレイになったので90匹にふえる
@飼育員に気付かれ排除される。
あんまり歓迎されていないことを知る。

資格
解体工事施工技士　たべ残し部門
分解整備士　海藻部門
招かれざる客　認定
貴重なエサ　タツノオトシゴ賞

ヨコエビ

甲殻亜門・軟甲綱・端脚目（ヨコエビ目）

分布：海洋、淡水、陸にも

大きさ：多くは数mmていど

「エビ」とあるが十脚目（エビ目）ではない。

水そうの中に勝手にわいてくる小型生物。よく海岸や砂浜の岩の裏にウジャウジャといます。水そうの水質の良し悪しを知るバロメーターにもなり、たくさんいる水そうは水の状態が良好。水そうに魚が少ない場合は、エサをあげなくてもわいてくるヨコエビを食べて生活でき、ヨコエビは魚のふんなどを食べてくらします。

性格・趣味・特技
性格　けっこういそがしい感じ
趣味　たくさんふえてザワザワすること
特技　食べ残しのひろい食い

好きなエサ・嫌いなエサ
海藻や魚たちのおこぼれをちょうだいしているよ。

どんな水槽、どんな環境で暮らしたいですか？
食べ残しがポロポロおちてるとうれしいなぁ。それだけでウジャウジャふえちゃうよフフフ。そうならないように気をつけないと大変だぞぉ〜

お客さんに何を希望しますか？
水槽の底をじっとみてると会えるかも？
ゴキブリみたいでキモイとか言ったら今日の夢に出てやるぜ…？

魚歴書

写真	なまえ	年齢
	ミズクラゲ	千年
	住所（出身）蒲郡だっけ？九州だっけ？北海道？出身多くてわすれたよ	

職歴
水まんじゅう職人　※
ゼリー工場 ライン　※
セルフレジのレジ袋付ける係　※
※全て商品・材料が体の一部と似ており
まちがえられることがあったためクビ
途方にくれていたトコロをスカウトされる

資格
全日本何考えてるかわからん生物協会 会長
プランクトン大食い大会 クラゲ部門 上位
ほしいときにとれないよね検定 1級
飼育員を精神的においつめる生物検定 皆伝

ミズクラゲ

旗口クラゲ目（ミズクラゲ目）・ミズクラゲ科
分布：北緯70度から南緯40度くらいまでの世界中の海に分布
大きさ：15～30cm
かさにすけて見える胃腔、生殖腺が4つあることから「ヨツメクラゲ」ともよばれる。

もっとも有名なクラゲ。とうめいな体とユラユラ動くすがたに癒されます。ほかのクラゲはとうめい感にかけたり、だらしなかったり、やたら動いたりして癒しレベルがちょっと低い。飼育はとってもむずかしく、気をつかいます。飼育スタッフの竹山くんはいつももだえ苦しみ、苦しんでは見つめて癒されています。

性格・趣味・特技
超うたれ弱いです。つついても、水温が変わっても水の流れが強くてもくずれます。特技は人知れず儚く散ることです。

好きなエサ・嫌いなエサ
好きなエサはプランクトンやアサリのミンチです。大きなモノはたべられません。

どんな水槽、どんな環境で暮らしたいですか？
「ちょうどいい水温」「ちょうどいい水の流れ」「ちょうどいい水質」「ちょうどいいエサの量」がいいです。もしどれかがちょうどよくなかったら水槽から姿を消します。さがさないでね。

お客さんに何を希望しますか？
みなさんは私をみていやされるそうですが、飼育員さんは私がデリケートすぎて扱いがムズかしく胃をいためているそうです。会ったらはげましてやってください。

魚歴書

写真	なまえ	年齢
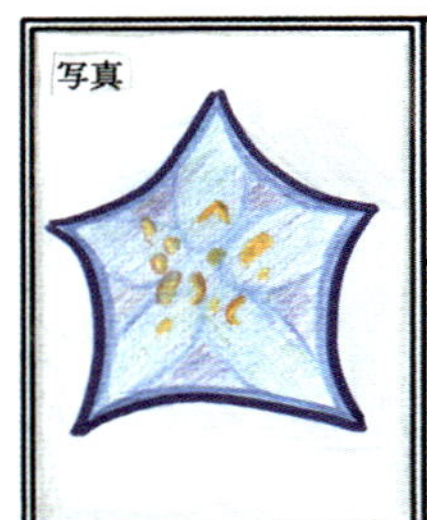	イトマキヒトデ	不詳
	住所（出身） 竹島の南側区 岩のすきま町 203の1	

職歴
- アサリをつまみ食い
- 漁師さんの置きエサをぬすみ食い
- 釣り人のエサをひろい食い
- 水槽の中のヒトデを共食い

↳あまりの悪食で「海のギャング」と言われています。全部犯罪歴ッス。

資格
- ヒトデといえばアイツ！コンテスト優勝
- 危険物取扱者（ジブン毒もってるんで…）
- 縄抜け達人クラス
- チョイ悪コンテスト：羊の皮をかぶったオオカミ賞

イトマキヒトデ

アカヒトデ目・イトマキヒトデ科

分布：黄海から日本沿岸・亜庭湾・千島列島南部まで

大きさ：7cm

裏面は淡褐色からオレンジ色。日本で一番有名なヒトデ。

性格・趣味・特技
のんびりしてそうで意外と素早いぞ。特技は縄抜け。どれだけガチガチにしばってもするっと抜けるよ。

好きなエサ・嫌いなエサ
みんなの食べ残しも食べるくらい何でも食べます。

どんな水槽、どんな環境で暮らしたいですか？
ペタペタはりつける場所がたくさんあるとうれしいです。「ホラガイ」をみるとビビってチビるのでぜったいボクの近くにおかないでください……。

お客さんに何を希望しますか？
タッチプールや移動水族館で会ってもシュリケンみたいに投げないでください。これでもケッコーがんばって生きています。

水族館の前の海でよくとれる、ボクたちにとってはおなじみのヒトデ。もういいよ！というぐらい見るときもあれば、どうしたんだ！？というくらい見ないこともあり、時期によりかなり差があります。小学生をつれての環境学習会等では、このヒトデの口、目、おしりはどこでしょう？などと問題を出して、子どもたちを困らせる。それぞれの位置はインターネットで調べてね！

魚歴書

写真

なまえ	年齢
ショウガサンゴ	2さい

住所（出身）
インドネシア サンゴ礁町
お日様ポカポカピカピカ通り

職歴
・インドネシア 養殖サンゴ組合勤務
勤務態度、成績良好なため日本へ出荷。
・日本の観賞魚会社へ勤めるが、日本の海水になじめず体調を崩す。
・なんとか元気を取りもどして竹島水族館へ。

資格
・海水ソムリエ
・海水水質検査技士
・太陽の光の強さ測定員
・サンゴっぽくないサンゴ3位入賞

ショウガサンゴ

イシサンゴ目・ショウガサンゴ科
分布：沖縄以南
大きさ：1mm
枝は波のしずかなところは細く長く、潮の速いところは太く短い。ポリプは昼も開く。

岩の上に置いて展示するのですが、土台がツルツルなのですべって無残に落下し、朝に砂まみれになり、よく無言でたすけを求めている。それがかれらの究極のストレスなので気をつけています。サンゴは植物ではなく、クラゲやイソギンチャクと同じなかま。養殖のものがインドネシアから許可を得て輸入されます。

性格・趣味・特技
とにかく陽の光に当たってたい性格で暗い所は嫌いです。趣味は「日光浴」です。特技は、じっとして動かないことです。

好きなエサ・嫌いなエサ
エサは特にいりません。そのかわり太陽の光くらいの強さの光が欲しいです。LEDがいいかしらね。

どんな水槽、どんな環境で暮らしたいですか？
ワタクシ、セレブですから お水は最高にキレイにしてくれないとキゲンが悪くなりますことよ! 水の温度も29℃以上あるとかなり怒りますよ。年中25℃くらいがいいですことよ。ワタシを食べるチョウチョウウオとは一緒にしないで飼うように気を付けてよ!!

お客さんに何を希望しますか？
ワタシ、養殖育ちのセレブなサンゴなの。とっても上品なのよ。育ちがいいの。でもサンゴなので、かけ算は3×5までしか覚えてないの。3×6より先は覚える気ないわよ。

魚歴書

写真	なまえ	年齢
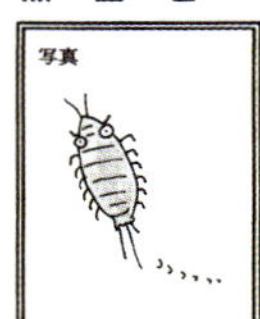	フナムシ	非公開
	住所（出身） 竹島水族館西側 バックヤード通路壁ぎわ暗やみ	

職歴

無職。求職中です。
展示、ショー、学習教材、なんでもします。

資格

- ゴキブリじゃない磯の生き物 No.1
- ゴキブリに似ている生き物 No.1
- 逃げ足の速いゴキブリに似ている生物 No.1
- 5m走 4秒7（大会新記録）

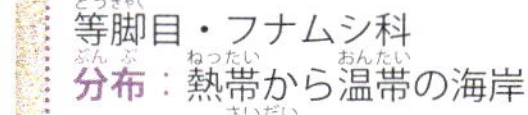

フナムシ

等脚目・フナムシ科
分布：熱帯から温帯の海岸
大きさ：最大5cm
潮が満ちない高さの岩石の上に群れており、海岸近くの草原や人家、船舶などにも多い。

古い水族館のバックヤードはやや暗くて湿気が多い。そこがかれらの好む生活環境ににているためか、どこからともなくかれらはやってきて勝手にすみつく。目が合うとシマッタ！ と言って高速でにげていき、ゴキブリみたいでよく嫌われる。ゴキブリだってフナムシだってオケラだって、みんなみんな生きているんだ〜！

性格・趣味・特技

人見知りです。目が合うと逃げたくなります。特技は短距離走です。カニやヤドカリにはゼッタイ負けません!!

好きなエサ・嫌いなエサ

好きキライせず何でも食べます。
野菜も肉も何でもこいです!!

どんな水槽、どんな環境で暮らしたいですか？

どんな水槽っつーかね、オレだいたい水槽で暮らして展示されてないしね。勝手に水族館の裏側のバックヤードで勝手に暮らして、勝手に生きてる勝手生物なわけよ。自由人なわけよ。水槽で飼われて展示されるって感覚がわかんないわけよ。

お客さんに何を希望しますか？

ゴキブリだ!!って言わないで下さい。こわがったり嫌がったりしないで下さい。ゴキブリだってオケラだってアメンボだってみんな生きているんだ友だちなんだ。

魚歴書

写真	なまえ	年齢
	ベルツノガエル	9さい
	住所（出身） カエルブリーダーの家	

職歴

幼少期：500円玉サイズの時にたけすいにスカウト。すぐ展示水槽が用意され展示デビュー。

少年期：ごはんを食べすぎるため、ごはんの量を減らされる。

現在　：歳をとってきたが、まだ現役。重鎮と化す。

資格

鎮座選手権　優勝。

泳げない選手権　優勝

モノマネ選手権　入賞。

ベルツノガエル

両生綱無尾目ユビナガガエル科

分布：アルゼンチン、ウルグアイ、ブラジル

大きさ：10 ～ 12.5 cm

地中に体半分だけもぐり、まちぶせて通りかかった獲物を食べる。

性格・趣味・特技 おなかが減っている時に、目の前に来たものは何でも口にしてしまいます。いわゆる食いしん坊です。

好きなエサ・嫌いなエサ 上記でも言っているように何でも食べてしまいます。

どんな水槽、どんな環境で暮らしたいですか？ 水はニガテです。というより泳げないので水槽には土を入れてください。私はほとんど動かないので水槽はそこまで大きくなくても良いです。水がニガテですが乾燥もニガテです。

お客さんに何を希望しますか？ 動かない・つまらない等言われても困ります。キモチ悪いと言われると静かにキズつきます。

3cmくらいの赤ちゃんをお店でスカウトして展示開始。カエルのクセに飛びはねることが嫌いで、朝見た場所に昼もおり、夜もいる……動いていない？！　そんなくらしがうらやましい。いつも忙しいんだよな、オレ。大きくなってから「かわいいから飼わせろ！」とほかの飼育スタッフの手にわたり、現在はヘビトカゲカエル好きの三田くんの担当下で世話をされている。

あとがき

魚の解説カンバンを書くときに、なにを書けばおもしろいのか？ どうすればお客さんが楽しく読めて、記憶にのこる思い出になるのか？　よく考えます。じつはボクたち（半魚人）が「魚っておもしろい！」と思っていることって、お客さんには理解不能な、「なにがおもしろいの？」と言われそうなマニアックなことばかり。それを解説カンバンで書いても意味不明、不快絶大、気分悪化、再来皆無……！「もっと生き物を学ぶことのできる生物学のことを書くべきだよ」とほかの水族館の方に言われることも。生物学のことを書くのが水族館としての正しいすがたかもしれませんが、へんなことが書いてあり、思わず笑ってしまったり、いっしょにきた人ともりあがったり、親子や孫との楽しい会話になったり……そんな解説があふれる水族館があってもいい。そこから魚や水中の生き物に興味をもって正しい水族館に行ってもらえればいい、とボクは思います（あ、ボクたちは自分たちの水族館を“正しくない水族館”とは思ってないし自覚もしてない。ちょっとほかの水族館から見るとタチが悪いのかも……）。

竹島水族館はこれからも、きた人みんなが魚や生き物をきっかけに笑ったり、つながったり、幸せになれる水族館をめざします。ぜひ、月に３回くらいは遊びにきてください。

竹島水族館館長　小林龍二

監修者紹介

魚歴書

写真	なまえ	年齢
	竹島水族館 館長	36さい
	住所（出身）竹島町1-6 地元生まれ地元育ち、その日暮らし	

職歴

子どものころから水族館で働きたくて、高校卒業後、お魚の勉強をする大学になんとか入学してなんとか卒業できて、なんとか竹島水族館に入社できて、なんとかつぶれそうだった水族館を復活させました。

資格

- 学芸員
- 剣道2段
- そろばん3級
- 愛知メダカ愛好会会員

小林龍二（こばやしりゅうじ）

サル目・ヒト科

分布：太平洋沿岸

大きさ：心は大きく

身長はふつう

1981年愛知県蒲郡市生まれ。北里大学水産学部（現海洋生命科学部）をなんとか卒業し、反抗的な態度をとりつつも竹島水族館でまじめに働く。ほかの水族館から現副館長の戸舘がなかま入りしたことでさらに反抗的になるが、年間12万人だった入館者数を39万人にまでふやす水族館の大改革をおこなう。市内を歩けばさまざまな人に声をかけられるので、「悪いことができない」となげく。おもな任務はアシカ、熱帯魚、海水魚、おみやげ仕入れ・開発、館長などなど。

性格・趣味・特技

- お酒が飲めなく、コーラで酔っぱらうこと。
- メダカを愛でること。ジンベエザメより深海魚よりメダカが好き。
- 特技：四の字固め

好きなエサ・嫌いなエサ

- 好きなエサ → 梨・桃・ハンバーグ・ケーキ
- 嫌いなエサ → トマト・お酒・ゴカイ

どんな水槽、どんな環境で暮らしたいですか？

すみません。水槽の中で、ウチのスタッフたちに毎日管理されるのは、ご遠慮いたします。

お客さんに何を希望しますか？

竹島水族館にたくさんあそびに来て下さい。あそびに来たらまわりの人最低5人に『ステキだった、とても良かった、行ったほうがいいよ』と言って下さい。

竹島水族館の飼育スタッフ紹介

戸舘真人
（とだてまさと）

1980年奄美大島生まれ、神奈川県育ち。東海大学海洋学部卒業。ほかの水族館ではやりたいことができずにグレていたが、同じように竹島水族館でグレていた小林に「ウチにきて、いっしょにやらないかい？」とさそわれ、入社試験に合格。２人で大改革をして竹島水族館をもりあげる。妻と娘とメイドとメガネをこよなく愛し、魚の分類が専攻分野。健康診断ではいつも「やせすぎです」判定をくらう。副館長なのに深海生物、おみやげグッズ仕入れ・販売担当。毛のある生物を信用せず苦手。

三田圭一
（さんだけいいち）

1984年名古屋市生まれ。名古屋コミュニケーションアート専門学校卒業。入社当初よりあまり仕事ができる人間ではなく、困った先輩から「食うぐらいできるだろ。食べて味を報告しろ！」と言われて、料理本や図鑑にその味がのっていない未知なる生物を食べることにいどみはじめる。「グルメハンターさんちゃん」という称号と地位を獲得した。「オオグソクムシ」を食べてこの生き物を有名にしたのは彼。アシカ、両生類、爬虫類、パクパクおさかなプール担当。

塚本祐輝
（つかもとゆうき）

1992年愛知県蒲郡市生まれ、アメリカからの帰国子女。塚っちゃんの愛称で親しまれ、とくに女性のお客さんから人気がある。が、本人は健全な育成環境下で育ってきたため女性があまり得意ではなく、グイグイくる肉食系女子が苦手。家で観賞用の小型のエビを愛でることを人生の楽しみとしている。導入当初からカピバラを担当。熱帯淡水魚も担当。やさしくてイケメンで、なぜかいつもうす着でさむがっている。

竹島水族館の飼育スタッフ紹介

竹山勝基（たけやまよしき）

1994年静岡県浜松市生まれ。専門学校ルネサンス・ペット・アカデミー卒業。この学校では館長の小林が教えていたこともあり、在学中より小林から目をつけられる。竹島水族館でしか働きたくない！と言っていたので、スカウトされ竹島水族館へ。のちに魚よりも虫が好きなことがバレて、リストラの危機にあう。今ではめきめき成長し、後輩のめんどう見もいい。いつも「しまった～！」「やっちまった～！」などの奇声を出している。クラゲ、海水魚担当。そのほか必要におうじてさまざまなポジションにつく。

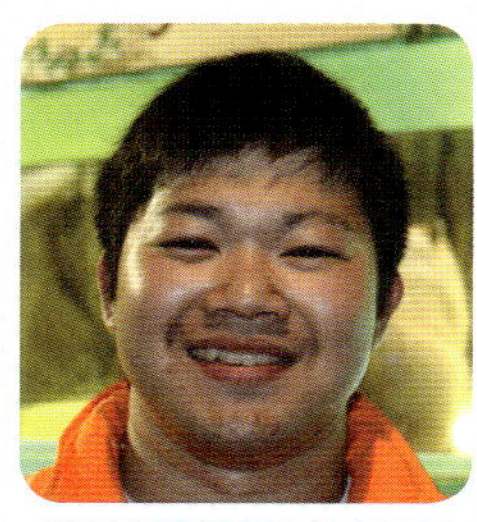

鈴木絢人（すずきあやと）

1991年静岡県出身、島田市部屋。専門学校ルネサンス・ペット・アカデミー卒業。その体型と愛くるしいすがたから、カピバラと間違われる。入社当時から腰に爆弾をかかえているが、「みんなができない仕事で、おぎなう」という約束のもと、主に解説で頭角をあらわしカピバラショーなどで活躍。館内の名物の手書きカンバンの魚の絵には必ずまゆ毛を書いているので、かれが書いたポップはすぐにわかる。名前に「ま」はつかないが愛称「まーくん」でスタッフから親しまれイジラレている。カピバラ、海水魚担当。

荒木美里（あらきみさと）

1991年広島県生まれ愛知育ち。地元水産高校卒業後、専門学校ルネサンス・ペット・アカデミー卒業。ジャニーズが好きで、専門学校在学時より小林館長に「ユー、ウチにきてはたらいちゃいなよ！」と言われ入社した。唯一の女性飼育員だが、男性スタッフたちとよくなじみ、毎日元気にはしり回っている。あまい食べ物とあまいフリをした男性が嫌いで、けっこうサバサバしている。竹島水族館初の女性アシカトレーナー、海水魚も担当の海獣と魚の両刀づかい。

竹島水族館のご案内

★入館料

大人：500円

［年間パスポート1250円］

子ども（小・中学生）：200円

［年間パスポート500円］

※小学生未満は無料

★開館時間

9：00～17：00（最終入館は16：30まで）

※夏のナイトアクアリウム（夜間延長開館）時は21時まで開館します。
夏季延長開館あり。お問い合わせください。

★休館日

- **毎週火曜日（祝日の場合は翌日）**
- **12月29日・30日・31日**
- **6月第1回目の火・水曜日**（連休をいただきますので、第1週ではありません。お問い合わせください）

※春休み・夏休み・冬休み・ゴールデンウィーク期間等は火曜日も開館しております。

★館内設備

車いす、ベビーカーの貸し出しあり。バリアフリートイレ（オムツ替えシートあり）、授乳室（女子トイレ内1か所）あり。

★アクセス

●車：東名高速道路音羽蒲郡インターよりオレンジロード（無料）経由で道なりにまっすぐ南へ15分

［名古屋方面よりお越しの場合］
23号線バイパス終点蒲郡インターより南へ道なりにまっすぐ約10分

●電車：ＪＲ東海道本線または名鉄蒲郡線蒲郡駅南口から徒歩約15分。バスご利用の場合は約5分「竹島遊園」で下車。

★所在地

〒443-0031 愛知県蒲郡市竹島町1-6
TEL：0533-68-2059　FAX：0533-68-3720

監修者紹介

小林龍二（こばやし・りゅうじ）

1981年愛知県蒲郡市生まれ。北里大学水産学部（現・海洋生命科学部）卒業。2003年に竹島水族館の飼育員になり、2015年から館長に就任。竹島水族館の大改革を行い、年間12万人だった入館者数を39万人にまで増やす。メダカをこよなく愛し、趣味で5品種500匹を育てている。「愛知めだか愛好会」会員。著書に『竹島水族館の本』（風媒社）がある。

●竹島水族館　ホームページ
http://www.city.gamagori.lg.jp/site/takesui/

写真／竹島水族館
P77（Johannes Kornelius）/Shutterstock
P137（subin pumsom）/Shutterstock
P146（Marco Uliana）/Shutterstock
校閲／鴎来堂,槇　一八

へんなおさかな
竹島水族館の「魚歴書」

〈検印省略〉

2018年　3　月　16　日　第　1　刷発行

監　修――小林　龍二（こばやし・りゅうじ）
編　者――竹島水族館スタッフ
発行者――佐藤　和夫

発行所――株式会社あさ出版
〒171-0022　東京都豊島区南池袋 2-9-9 第一池袋ホワイトビル 6F
電　話　03（3983）3225（販売）
　　　　03（3983）3227（編集）
F A X　03（3983）3226
U R L　http://www.asa21.com/
E-mail　info@asa21.com
振　替　00160-1-720619

印刷・製本（株）光邦

facebook　http://www.facebook.com/asapublishing
twitter　http://twitter.com/asapublishing

ISBN978-4-86667-042-3 C8045